我们内心的
"坏东西"

SCHADENFREUDE

The Joy of Another's Misfortune

[英] 蒂凡尼·瓦特·史密斯 著

万洁 译

北京联合出版公司

图书在版编目(CIP)数据

我们内心的"坏东西"/(英)蒂凡尼·瓦特·史密斯著;万洁译. —北京:北京联合出版公司, 2019.11
ISBN 978-7-5596-3587-7

Ⅰ.①我… Ⅱ.①蒂… ②万… Ⅲ.①心理学-通俗读物 Ⅳ.①B84-49

中国版本图书馆CIP数据核字(2019)第204045号

Copyright © Tiffany Watt Smith, 2018
Typeset in Garamond by MacGuru Ltd
Printed and bound in Great Britain by Clays Ltd, Elcograf S.p.A.
The moral right of the authors has been asserted.

我们内心的"坏东西"

作　者:(英)蒂凡尼·瓦特·史密斯	译　者:万洁
产品经理:于海娣	版权支持:张婧
责任编辑:牛炜征	特约编辑:陈曦

北京联合出版公司出版
(北京市西城区德外大街83号楼9层　100088)
北京联合天畅文化传播公司发行
天津光之彩印刷有限公司印刷　新华书店经销
字数 107千字　787mm×1092mm　1/32　印张 8
2019年11月第1版　2019年11月第1次印刷
ISBN 978-7-5596-3587-7
定价:49.80元

未经许可,不得以任何方式复制或抄袭本书部分或全部内容
版权所有,侵权必究
如发现图书质量问题,可联系调换。质量投诉电话: 010-57933435/64258472-800

致我的兄弟汤姆

> 天国中的有福之人将得见地狱中的受罚之人,如此,有福之人所获恩泽才愈显浩大。[1]
>
> ——《神学大全》,圣托马斯·阿奎那,
> 创作时间为公元 1265—1274 年

CONTENTS 目 录

♥ 序 言　真的"坏透了"吗
"他人的不幸甜如蜜" → 5
恶毒的欢乐 → 13
幸灾乐祸的时代 → 19
我们必须直面的瑕疵 → 26

♥ 意外之"喜"
捧腹大笑 → 35
孩子们的扬扬得意 → 39
意外之"喜" → 44

♥ 是他们活该
可耻的身体 → 58
他（们）活该！ → 65

♥ 有<u>些</u>人就是要遭报应

报应带来的狂喜 → 76

正义成瘾 → 80

不可避免的尴尬 → 87

♥ 期盼自大的人出糗

"好的幸灾乐祸" → 105

幻想报应 → 112

♥ 要让其他人都失败

竞争者 → 123

要让其他人都失败 → 127

怎样才能开心生活并提高自尊 → 133

我的"屎样人生" → 140

♥ 最讨厌朋友比我强

关注与比较 → 153

名人出丑超开心 → 157

♥ "坏"老板都没有好下场

理想的员工 → 170

坏老板没有好下场 → 176

弱者的积怨 → 181

心灵安慰剂 → 186

♥ 政客出丑与群体欢腾

党派政治 → 199

群体欢腾 → 203

小型的革命 → 209

♥ 后 记　**我们需要的情绪瑕疵**

♥ 　**致　谢**

♥ 　**参考文献**

Schadenfreude

别人遇上倒霉事常常让我感到格外开心，比如：

☺ 电视直播中新闻记者的围巾被强风刮起，糊在她的脸上；

☺ 骑独轮车的人差点撞上停在路边的轿车；

☺ 商店里，排在我前面的人对收银员态度恶劣，结果这人刷卡的时候发现他的信用卡无法使用；

☺ 有几辆卡车在卫星导航下驶入一条狭窄的乡村小巷，结果被卡住，动弹不得；

☺ 我的同事正在为跑马拉松做训练，成天在我们面前说他的训练计划、特别食谱，炫耀似的查看他的Fitbit计步器记录，并把运动成果发到社交网站上；穿着他那紧绷绷、亮闪闪的红色跑步小短裤来上班，张灯结彩似的把那条短裤晾在办公椅上，还在复印机旁一边做拉伸运动，一边聊他腹股沟上的伤，身上总是一股汗臭味，结果连马拉松全程都没跑下来；

☺ 文身失败（还说什么"一点都不后悔！"）；

☺ 还有一次，在我二十多岁的时候，一个天生魅力十足的朋友在恋爱中被甩了。

SCHADENFREUDE

序 言
真的"坏透了"吗

······

上星期二，我去街角小店买牛奶，在卖名人八卦杂志的架子前停住了脚步。一开始，怕万一别人能听见我的心声，我的本能反应是想，哼，谁会买这种无聊的杂志。紧接着，出于好奇，我拿起一本翻看。上面有名人的赘肉照片，有关于他们体重增减的讨论，有用红圈圈起来的比基尼盖不住的橘皮肥臀和"蝴蝶袖"。我最喜欢的是关于一个流行歌手（也许是个模特）的访谈，她住在一座宏伟奢华的宅邸中。我是听说有人坐拥豪宅常常会忌妒到浑身僵硬的那种人。不过，这篇采访出乎我所料，主要讲的是她有多孤独，讲她在经历了一次令人悲痛欲绝的分手后，在豪宅中过着多么凄凉冷清的生活。

我环顾四周,而后拿着这本杂志来到收银台前,数出需要的零钱。胸口掠过一丝温热。我感到自己很幸运。不,不准确。应该说,是很得意。

接下来,我要坦白一下。我喜欢看日间档的电视节目;我抽烟,尽管我对外宣称戒烟很多年了;我常常迟到,而且经常为此找借口;还有就是,有时候看到其他人不爽,我会感到很爽。

"他人的不幸甜如蜜"

·······

◆ 老板在一封重要的信件中落款为"阴毛事业负责人"。

◆ 自称素食主义者的名人被曝光在超市奶酪柜台前徘徊。

◆ 水上芭蕾运动员一时糊涂，转错了方向，然后很快又转了回去并且希望没人注意到。

× ♡ ×

日本俗谚云："他人的不幸甜如蜜。"法语里有个说法是"joiemaligne"，意思是"对他人的苦楚感到恶毒的喜悦"。丹麦人管这个叫"skadefryd"，荷兰语里是"leedvermaak"。希伯来语中，形容因他人的遭遇感到开心可以用"simcha la-ed"，中文里叫"幸灾乐祸"，塞尔维亚-克罗地亚语里叫"zlùradōst"，俄语中是"zloradstvo"。两千多年以前，罗马人用"malevolentia"表达这个意思。更早的时候，希腊人说"epichairekakia"（其中"epi"意为"因……而……"，"chaire"意为"高兴"，"kakia"意为"丢脸的人或事"）。哲学家弗里德里希·尼采说过："看到别人受苦是有益的，让别人受苦更有益。这虽然很难说出口，却是非常符合人性的，实在太符合人性的原则了，难以撼动。"[2]

对于遥远的巴布亚新几内亚的尼桑岛上的美拉尼西亚人来说，嘲笑他人痛苦的行为被称为"Banbanam"[3]，这个概念最极端的例子是，通过挖出敌人的尸体，并将残骸扔在村子周围来嘲讽他。

"Banbanam"行为更日常的表现为，在背后笑话他人失败的经历有多丢人——比如当与其有竞争关系的村民的宗教庆典被一场大雨搞砸，只因他们的天气巫师的咒语没有显灵时，或者当一位妻子紧紧攥住出轨丈夫的睾丸而不顾他的苦苦哀求时。"Banbanam"其实也是一种抵抗。美拉尼西亚人喜欢跟人讲这样一个故事：澳大利亚政府的一位部长访问村庄，结果因为村民们不按照他的意思做事而大发脾气，怒气冲冲地驱车离开，最后不小心撞上了一棵树。在历史肖像画中，满心喜悦的人和那些因为他人的厄运窃喜的人看上去非常不同。2015年，在德国乌兹堡的一间实验室里，32名球迷观看德国队与其死对头荷兰队在足球比赛中或成功或失败的点球片段集锦，同时同意实验者将肌电描记术用的电极贴贴在他们的脸上，让其测量他们微笑与皱眉的情况。心理学家发现，与看到德国队点球成功破门时相比，当德国球迷看到荷兰队罚丢点球时，会更快露出微笑，而且笑得更灿烂。[4]幸灾乐祸的笑和真正感到快乐而露出的微笑可以说别无二致，但是关键有一点不同：敌人的失败比起我们自己的成功会让我们笑得更多。

无疑，长久以来，不管是在什么地方，我们人类更依赖于其他人做出丢脸的事或者遭遇失败来让自己开心。

对于这种卑鄙的喜悦，英语中从来都没有一个专门的词来形容。16世纪，有人想在英语中借用古希腊词"epicaricacy"，但这个词并没有流行起来。1640年，哲学家托马斯·霍布斯（Thomas Hobbes）列了一份关于"人类激情"的清单，其中包括许多"亟待命名"的难以描述的感受。他在清单中问道："岸上的人看到海上的人遭遇暴风雨而感到非常开心，是出自一种什么激情呢？"他还写道，是怎样一种喜悦与怜悯的奇怪组合让人们"乐于旁观他们朋友的悲惨"。霍布斯说的这种神秘而可怕的激情依然没有名字，至少在英语中还没有。[5]1926年，英国《观察家》杂志的一名记者坚称："英语中没有表达'Schadenfreude'的词是因为这里不存在这种感受。"[6]他大错特错。

我是英国人，我敢说，对他人的横祸和痛苦幸灾乐祸与茶包和谈论天气一样属于我们文化的一部分。在最受欢迎的具有典型英国民俗风情的小说《傲慢与偏见》中，贝内特先生就宣称："我们活着是为了什么？不就是为了给邻居当笑柄，再反过来笑他们？"没有什么比看到一名国会议员做假账被抓更能让人心里产生自以为是的愉悦感，从而把我们紧密团结在一起的了。我们甚至愿意为了获得一点"幸灾乐祸"而付出代价，正如乔治·奥威尔（George Orwell）曾经说的，不庆祝军事胜利，反而

-8-

庆祝灾难，在这一点上，英国人是独一无二的（"进入死亡谷……"）。

我们知道如何享受他人的失败，但要是问我们该用什么词概括这种享受，我们的语言就会陷入虚伪的沉默，避开提问者投来的目光，不舒服地扭动身子。

于是，我们借用了德语词"Schadenfreude"（幸灾乐祸）。"Schaden"意为"损害"或"伤害"，"freude"意为"欢乐"或"愉快"，二者结合即意为"损害带来的欢乐"。

没人愿意面对自己的瑕疵，但是恰恰是瑕疵让我们知道是什么让我们成为人类。享受他人的不幸可能听起来很简单——不过是一丝恶毒的闪念。再仔细想想，你就会意识到我们生活中最隐秘也是最重要的某些部分。

当我专注思考自己在他人的不幸中感到的欢乐时，我就被其包含的多种滋味和丰富层次所击中。首先，我会因为他人的资质欠佳而感到窃喜，这里的"资质欠佳"不仅仅是指滑雪者一头栽进雪里，还指令人难以置信的大疏漏：

美国国家航空航天局（NASA）损失了一枚价值1.25亿美元的火星探测器，只因团队的半数成员使用英制单位，另外半数成员使用的是公制单位。

其次，他人的伪善被曝光时，我会扬扬自得，感到满足。

政治家不小心将自己勃起的照片发到了社交网站上（他本来想直接发给手下的实习生）。

当然了，在看到竞争对手有闪失时，我内心还会产生胜利感。有一天，在校园咖啡店里，一个同事问我有没有获得梦寐以求的升职机会。"没有。"我说。随后我看到他的嘴角以几乎不可察觉的幅度咧了一下，还没等形成笑容，他就又很快调整成了同情的表情："哦，真是倒霉。啊，这是他们的损失，那帮蠢货。"我差点问出口："你刚才是不是笑了一下？"但我没问，因为我清楚，他遭遇失败时，我也有这种强忍开心的微妙情绪。

有时，分享欢乐很容易，比如说我们嘲笑电视选秀节目上选手的丢人表现，转发某个不光彩的政客的辞职演讲的表情包，或者当老师不小心当众放屁时和同学们一起拼命憋笑。

当传来那些成功到惹人厌烦的朋友和亲戚的坏消息时，我们却很难承认——甚至对自己都很难承认——我们会感到突如其来的快慰。这种情绪不请自来，其中的喜悦令人困惑，还夹杂着羞耻感。它令我们担忧——不仅仅是因为我们为自己同情心的缺失代表着我们内心可怕的一面而担忧，更是因为它直指我们的忌妒和自卑——我们迫切地抓住他人的痛点是为了让自我感觉良好：

> 暑假到了，我哥哥带着他的孩子去美国旅行，为此我很难受，因为我怕麻烦，又嫌费钱，所以从来没带我的孩子去哪儿玩过。后来我在脸书上看到了他更新的状态："下雨了，没玩成。"

当今社会，幸灾乐祸随处可见，它存在于我们的政治活动中，存在于我们对待网上出糗视频中的名人的方式上，但是这些令人陶醉的欢乐里充满了不安。卫道士长期对幸灾乐祸嗤之以鼻。亚瑟·叔本华称它是"一颗坏透了的心和道德上毫无价值的铁证"[7],是人性最坏的一面。(他还说,任何享受他人痛苦的人都应该被人类社会拒之门外。这让我不由得为之汗颜。)

现在,我开始相信叔本华说错了。我们或许担心以他人的悲惨为乐会污染我们的灵魂,但是这种情绪远远不是简单的一句"坏透了"就能总结的。它触及千年来对人类社会至关重要的东西:我们生来对公平的追求和对虚伪的憎恶;我们乐于见到我们的对手倒霉,因为我们希望赢的是自己;我们渴望与他人作比较,在处于下风的时候又为我们的选择找理由;我们是如何与他人建立联系的;是什么让我们开怀大笑。

如果我们进一步思考这种隐秘且备受非议的情绪,把自己从隐秘的羞耻中解放出来,我们就会对人性有更深刻的认识。

恶毒的欢乐

·······

- 我花园里的松鼠忘记它们把坚果贮藏在哪儿了。

- 开得飞快的卡车司机被测速照相机拍了下来。

- 我3岁的小女儿得到了最后一块饼干,一边高兴地喊着"啦啦啦啦啦",一边抓着饼干四处挥舞,结果饼干被我家的狗一口叼走了。

× ♡ ×

1853年,"Schadenfreude"这个词在英语作品中首次出现,引起了人们极大的兴趣。这恐怕不是都柏林的大主教R. C. 特伦奇(R. C. Trench)的初衷,尽管就是他在其语言学畅销书《论词的研究》(On the Study of Words)中首次提到这个词的。对于特伦奇来说,单单是"幸灾乐祸"这个词的存在就够罪恶和可怕了,他说:"人类天生内心充满邪恶,仰仗着这样的天赋,人类发明了如此古怪的邪恶念头,这着实令人悲哀。"[8]

然而,和他一样身处维多利亚时代的其他人并没有被轻易地唬住,而是迫不及待地接纳了这个词,将它与一系列愉快情绪联系起来:从欢喜到自以为是,从胜利感到轻松快慰。1867年,历史学家、强硬派社会评论家托马斯·卡莱尔(Thomas Carlyle)就承认了,每当他想象《选举改革法案》通过后,部分工人阶级得到投票权,从而引发种种混乱景象时,他就感到极度舒适,如果这不是出于爱国之心,那就是幸灾乐祸("一种恶毒的,甚至违反司法的暗爽")。[9]1881年,一名象棋专栏作家建议说服那些天真的对手在陷入困境时使用狡猾难缠的下法,从而"尽情享受德国人说的'幸灾乐祸'那种快乐"。[10]19世纪90年代,动物权利活动家弗朗西丝·鲍尔·科布(Frances Power Cobbe)发表了名为"幸灾乐祸(Schadenfreude)"的宣言,认为这种情绪等同于男孩因为好玩折磨野猫的那种杀戮欲。"和我们一样，维多利亚时代的人也喜欢看到达官贵人得到报应。医生威廉·格尔爵士（Sir William Gull）是维多利亚时代英格兰健康生活运动的先锋，他提倡多喝水，也算一个素食主义者。他到处自以为是地宣扬他的生活方式将如何让他不生病。结果，1887年，格尔爵士病重……于是，《谢菲尔德和罗瑟勒姆独立报》（*Sheffield and Rotherham Independent*）愉快地报道，喜欢"饮食上荤素不忌，生活上无条条框框"的人们感到了强烈的"被德国人称为'幸灾乐祸'的情绪"。[12]

时至今日，我们依然将多种不同的愉快感受与这个词联系在一起，也许是因为这个词的原义不明，或是因为它的定义界限不明。不过，看看现在这个词在英语中表达的意义，我们可以找出以下五个反复出现的主题。

第一，幸灾乐祸常常被视为一种机会主义者的快乐、一种旁观者的娱乐、一种我们偶然发现他人的不幸（且这个不幸并非我们造成的）时的感受。好莱坞反派的卑鄙阴谋得逞，让邦德陷入困境时，他扬扬得意，这并非幸灾乐祸，而是在享受施虐的快感；对比而言，当好莱坞反派搬起石头砸自己的脚，不小心绊了一跤，碰到自

-15-

毁按钮时，他的助手偷笑，这才是幸灾乐祸。

第二，幸灾乐祸常常被视为一种需要隐藏起来的情绪，这也难怪。看到他人遭灾，却表现出开心的样子，这样的人通常被认为是罪大恶极的。比如《威尼斯商人》中的夏洛克得知他的竞争对手安东尼奥在海上损失了一艘货船，情难自禁地说："我感谢上帝，感谢上帝。这是真的，竟然是真的？""好消息，真是个好消息！"[13]我们可能担心的不仅仅是被他人视为恶人，还有我们的幸灾乐祸会暴露出我们的其他缺点——小气、爱忌妒或者对生活的不满足。

第三，当他人的遭遇可以被归结为因果报应——因为自以为是、虚伪矫情或违反法律而受到了应得的惩罚时，我们常常感到自己有权产生这样的情绪。虽然我们不可能当着对方的面表现出享受道德优越感的样子，但我们可以在保持安全距离的前提下开心一下。2015年，美国牧师托尼·珀金斯（Tony Perkins）说，洪水是上帝用来惩罚堕胎和同性恋婚姻的。后来托尼自己的房子也被洪水淹了，他不得不坐着一条独木舟逃命。就连从来都不偏不倚的英国广播公司（BBC）都以戏谑的方式报道了这个故事——将他那座被洪水淹没的房子的航拍照片放在他备受争议的"上帝在警告人类"采访视频旁边。

第四，我们喜欢将幸灾乐祸当作纾解心情的法宝——他人的失败可以暂时缓解我们的忌妒和对生活现状的不满，让我们暂时得到格外需要的优越感。这种情绪既说明了我们自身的脆弱，也说明了我们对待他人行为的态度。就好像讽刺只有在击中对方要害时才有趣，我们会在那些比我们更富有、更有魅力且更有才华的人失败时感到最强烈的暗爽。正如关于这种情绪最伟大的理论家之一——哲学家弗里德里希·尼采所说的，幸灾乐祸是"无能者的复仇"[14]。

第五，也是最后一条，幸灾乐祸常常指因为他人的轻度尴尬和出丑而非惨遭的不幸甚至死亡感到愉悦（我们通常认为只有大恶棍才会做出为他人的死亡喝彩这种事）。不过，这条规则并非一成不变，而是要看背景条件的。我们喜欢看名人或久远的历史人物经历可怕的遭遇——如果这些眼下正在发生或发生在朋友身上，我们则会惊慌失措。所有情绪都被心理学家认为是"认知性的"，换言之，情绪并非仅仅是对外部刺激的反射反应，而是需要我们对我们与周遭世界的关系做出评估和判断，并给出相应回应的复杂过程。

有时候我们判断失误，幸灾乐祸便让我们在道德上陷入尴尬的境地。动画喜剧《辛普森一家》中，霍默有个完美得不像话的邻居，名叫内德·弗兰德斯，他开了家左撇子用品专卖店。在其中一集里，霍默想三个愿望时，幻想弗兰德斯的生意垮掉。首先，他想象弗兰德斯的商店空荡荡的，没有顾客光临，然后想象弗兰德斯身无分文，开始乞讨。当霍默开始想象弗兰德斯去世，他的孩子们在一旁抽泣时，他打住了。"太过分了。"他说，然后快速把脑海中的画面倒回到商店倒闭那一幕。

关于我们如何、为什么享受他人的痛苦，以及怎样的程度可以接受，怎样又属于"太过分了"的问题在两千多年来的一些伟大的哲学和文学作品中都涉及过，但是人们对理解幸灾乐祸的需求却从未像今天这般迫切。

幸灾乐祸的时代

·······

◆ 日本游戏竞赛节目中,穿着紧身连衣裤的参赛选手努力沿着充气水滑梯往上爬,却不断掉下来,摔在其他选手身上。

◆ 身家百万的传媒明星兼生活方式导师因为内部交易锒铛入狱。

◆ "你绝对不敢相信那些童星现在变成了什么样子!(第二个会惊到你的!)"

× ♡ ×

2008年12月,《纽约时报》的一名读者痛心地称,如今我们正活在"幸灾乐祸的黄金时代"[15]。类似的话也出现在世界各地的诸多博客和专栏文章中。"我们生活在幸灾乐祸的时代。"[16]《卫报》的评论作家宣称。他们说的对吗？

他们指责网上的喋喋不休和大家对名人人设崩塌的渴望，以及人们不断刷新下限的羞耻感。他们怪罪网上暴民的恶毒行径，怪罪蜂拥而来的公开羞辱和网上义愤填膺的道德指摘。他们看看照片墙（Instagram）上网友们的各种炫耀，说我们深陷忌妒的泥沼，唯一的喘息机会就是看别人出越来越大的丑，遇上越来越糟的倒霉事儿。最近，我们对幸灾乐祸的依赖被看作大西洋两岸政治动荡的原因之一，因为这种情绪导致人们喜欢消费"假新闻"，而这样的反馈让算法提供更多稀奇古怪的八卦，令人想点开来看："克林顿夫妇与他们的非法移民女佣大玩3P！"这样来看，我们因他人的耻辱而感到愉悦难道不仅仅是私德的堕落，更是一种公害吗？

作为研究情绪的历史学家，我以前确实见过这样的事。过去经常有人称，有段时期自己是在被某种情绪控制的状态下生活的：

18世纪的作家就提到在他们所处的时代泛滥的同情

和善意；20世纪40年代，W.H.奥登（W.H.Auden）描绘了一种"焦虑的时代"。这些标签可能看上去在表示社会上突然爆发的一种古怪的传染性情绪，但实际上，它们表示的是由其他所有欲望和恐惧汇聚成的焦点。举例来说，19世纪期间，社会上弥漫着对自我提升和生产力的热情，同时，也导致人们突然产生了对这种热情的反面——厌烦无聊——的担心。医生开始写文章劝人们警惕这种消极情绪的危害（从酗酒到手淫不一而足）；政客赶时髦地指责那些无业者和穷人让他人也变得游手好闲起来；女权运动者则认为，无聊是对富有女性的威胁；卫道士们则担心它会将孩子们变成无所事事且残酷暴力的人。正如查尔斯·狄更斯以挖苦的口吻所写的，无聊已经成为"我们这个时代的痼疾"[17]。

真相是，我们永远无法知道，我们今天到底是否比以前更加幸灾乐祸。当然，如今幸灾乐祸看起来比过去更像是集体生活的一个显著特点了，因为过去人们只在暗地里偷笑，或者有时在办公室饮水间里窃笑，如今这些偷偷摸摸的笑已经以数字的形式永远留存在网上的"点赞"和"分享"中了。

但同时，社会上也存在道德狂热。还记得金·卡戴珊巴黎遇劫事件吗？她的价值百万美元的珠宝（包括事发几天前她在照片墙上晒的那枚大得荒唐的钻戒）遭抢。BBC在报道抢劫事件时，引用了英国喜剧演员詹姆斯·科登（James Corden）在推特网上力劝大家不要拿这件事开玩笑的推文。[18]我立刻点开这条推文的跟帖（纯粹是为了做调研！）。我的研究结果是，玩笑帖与愤怒的推特用户指责其他推特用户尖酸刻薄的帖子数量相当。我们对幸灾乐祸的态度中有着巨大的矛盾，我们不确定别人什么样的痛苦遭遇是我们"可以"当笑话看的，也不确定我们的冷嘲热讽在什么样的环境中会造成太大伤害。一方面，八卦网站和垃圾小报鼓励我们陷入幸灾乐祸的狂欢；另一方面，我们这样做时又会遭到道德的谴责。

此外，关于幸灾乐祸的研究呈爆炸式增长。2000年之前，几乎没有任何发表的学术文章的标题含有"幸灾乐祸"一词。现在，就连最粗略的相关研究都有几百例，从神经系统科学到哲学，再到管理学研究都提到了这个词。其中既有对愿意花不少零花钱看木偶遭惩罚的孩子进行的实验，也有关于竞争对手的产品出现故障时公关公司如何掌控人们幸灾乐祸的情绪的研究。本书就从这些研究中得出的许多观点看法进行探讨。同时，这些研究出现的时机和数量都说明了，这种情绪以前所未有的程度抓住了我们的注意力。

是什么促使大家对幸灾乐祸如此关注呢？无疑，部分原因是我们在努力理解眼下互联网世界的生活。耻笑他人的行为曾经几乎等于社交自杀，如今此种行为带来的风险却降低了很多。在我看来，同样重要的还有我们同理心的不断成长。今天，能设身处地地体会他人痛苦会得到人们的高度评价，这也是十分正确的。换位思考可以影响到我们领导他人的能力、为人父母的能力、做伴侣和朋友的能力。然而，同理心变得越重要，幸灾乐祸似乎也就变得越可憎。

抵触幸灾乐祸的不仅仅是维多利亚时代的卫道士。21世纪的人道主义者就认为，在这个疯狂的现代原子论世界，同理心是人面对威胁时的"自然"反应，幸灾乐祸则非常不合时宜。人们从各个方面指责幸灾乐祸为"缺少同理心"，是"同理心的对立面""同理心的阴影"，视幸灾乐祸与同理心水火不容。心理学家西蒙·巴伦-科恩（Simon Baron-Cohen）指出，心理变态者不仅仅在他人承受痛苦时没有同理心，甚至可能会感到享受。"德国人有一个词形容这样的人，"巴伦-科恩写道，"Schadenfreude。"[19]有这些理论在，不难想到，即使幸灾乐祸本身没问题，人们也会觉得这种情绪是非常错误的。

不过，当然了，动画片里的歪心狼（Wile E.Coyote）被Acme公司产的铁砧压扁，或者你妹妹几个星期以来都不离口的新烫的头发与她的设想有很大的出入，对这样一些事开怀大笑也不会让你变成怪物。很少有人单纯因为他人的痛苦而感到高兴，更多是因为我们认为对方摊上这样的倒霉事活该或者对我们多少有点用处。我们有这样的情绪并非完全出于恶意，而是出于我们对保持道德平衡的渴望。当然，幸灾乐祸也有益处，比如它能够减轻我们内心的自卑或忌妒，快速带来胜利的感觉；还有，一起看老板或者公司里资深员工的笑话可以迅速拉近同事之间的关系。

最重要的是，幸灾乐祸可以证明我们的情绪具有弹性，证明我们不是严格遵守道德规范的老古董，证明我们有能力同时拥有显然矛盾的想法和感受。幸灾乐祸和同理心并非像人们有时候认为的那样非此即彼，而是可以为人们同时拥有的两种心理状态。陀思妥耶夫斯基就深知这一点，在他的作品《罪与罚》中，马美拉多夫出意外后浑身是血，不省人事，被人送回他在圣彼得堡租住的房子里，所有邻居都围了过去。在陀思妥耶夫斯基的笔下，这些人体验到了"当某人遇到飞来横祸时，即便是罹难者最亲近的人也会有的一种总藏不住的奇怪满足感，一种不管我们内心的怜悯和同情有多真诚，我们每个人都无法避免的感觉"[20]。

我们可能的确生活在一个幸灾乐祸的时代，同时害怕这种情绪会将我们引向邪路，但是和对其他所有情绪一样，谴责这种情绪能给你带来的好处寥寥无几。我们真正需要的是从新的角度来思考这种饱受诟病的情绪对我们的影响，还要思考它在我们与自己、与他人的关系方面教会了我们什么。

我们必须直面的瑕疵

······

- 一名赌场大亨不小心用胳膊肘戳破了一幅价值4840万美元的毕加索的画(当时他正要把画卖给别人)。

- 你发现你前任的那位朝秦暮楚的未婚妻要嫁的另有其人。

- 马上瑜伽(在马背上做的瑜伽)出了意外。

× ♡ ×

写这本书期间,我看了许多猫咪从墙上摔下来的视频片段,数量多到不合理,并在完全没兴趣上第二次的网站上闲逛。我还读了数不清的文献,和神经系统科学家、心理学家、法学家及哲学家交流，和为"为读者解忧"专栏撰稿的知心阿姨探讨同胞争宠，和我的朋友们探讨忌妒，还和一名心理学家探讨婴儿露出窃笑是怎么回事。通过这些，我发现幸灾乐祸占据了我们相当一部分的生活，超过了我之前能坦然接受的程度。

本书探索了多种内在相关联的幸灾乐祸，每种都包含着值得琢磨却难以启齿的快乐。本书的每个章节都会探讨幸灾乐祸的一个方面，从看到滑稽的意外而产生的兴奋到包括目睹罪犯被绳之以法而感到的满足；包括见到可以被称为人生赢家的朋友遭遇挫折而感到暗爽，也包括得知政敌崩溃而额手称庆。如果读完本书，你了解到自己平日里有多常产生幸灾乐祸的念头，并为此脸色发白，羞愧难当，不妨看看我在后记中为你准备的"交战法则"，然后你就会明白该如何对付让自己感到羞耻的幸灾乐祸，更重要的是，明白以后当别人看你笑话的时候，你该怎么做。

这本书的出发点并非要解决我们应不应该幸灾乐祸这个问题，而是要让读者了解，我们到底为什么会在他人遭遇不幸的时候感到开心，以及幸灾乐祸到底是一种什么样的感觉。

写书时,有些事物原本在我看来是生活中的小调装饰音,后来却变成了大和弦音。看起来无关紧要的东西才是我们与其他人、与自己相联系的关键要素。幸灾乐祸表面看起来是反社会的,其实却是我们大多数人最珍视的公共仪式(从游戏比赛到八卦闲聊)的一大特色。或许这种情绪透露出对人类的厌恶,但其实是我们的人性在生活中的体现:我们天然追求正义和公平,有等级观念,追求地位,渴望有归属感,以及保护给我们安全庇护的团体。这听起来似乎傲慢且有损人格,但也揭示了我们需要从人们试图让自己看上去掌控这个永远脱离掌控的世界这一荒诞行为身上获得满足;这看上去似乎是一种与他人对立、将自我孤立的情绪,但也证明了,我们需要知道对生活失望的并不只有我们自己,我们想要形成失败者联盟,互相安慰。

幸灾乐祸这种情绪有狂喜的一面,也有细腻而微妙的一面,同时从头到尾透着卑鄙。诚然,它是一种瑕疵,但它也是我们必须直面的瑕疵。只有直面幸灾乐祸,我们才能真正懂得现代社会中的芸芸众生。

SCHADENFREUDE

意外之"喜"

······

◆ 修树工锯断了自己坐的那根树枝。某人在和教区牧师喝茶时裤子掉了。

◆ 一个女人在搭纸牌屋过程中放最后一张牌时打了个喷嚏。

× ♡ ×

在我第二个孩子出生后的几个星期里，我因为睡眠不足处于半精神错乱的状态，抱着打盹儿的小婴儿无奈地坐在沙发上。这时，我的脸书页面上出现一段视频，视频标题是《跳入结冰泳池的男人》。观看人数超过了400万。我按下了播放键。

请想象这样一幕：在德国、立陶宛或者其他什么国家的民宅后院里，雾气蒙蒙，假山嶙峋，几棵冷杉下是一小段码头，尽头是一个池塘。池子里的水冰冷刺骨，水面凝结成的一片片冰几乎连到了一起。一个二十出头的健壮小伙子身穿黑色泳裤，赤脚站在一块岩石上，双臂抱胸，哆哆嗦嗦。他似乎在努力下决心跳进水里。然后他转身面向镜头，屈膝，做了个摇滚的手势（将食指和小指伸直，其他手指向手心弯曲），德语和英语掺半地说了一通帮派宣言之类的话，然后沿着码头助跑，像炮弹一样跳入池塘。可是，池塘里没有水，只有一层厚厚的、坚硬的冰。他的屁股重重地摔在冰面上，然后整个人滑了出去。

我不想笑出声来吵醒臂弯里的孩子，所以拼命忍着，但是免不了摇头晃脑，发出将笑未笑的扑哧声。当时的我看起来一定像是什么奇怪的病突然发作了。我笑得肚子都疼了，但我毫不在意。就这样，我把那个视频看了一遍又一遍。"跳入结冰泳池的男人"让我心情格外美妙。

没过一会儿，我就开始在网上搜更多同类视频来看。我在谷歌搜索引擎中挨个儿输入"出糗视频""史诗级出糗视频""最佳史诗级出糗视频""头朝下摔跤视频""史诗级头朝下摔跤视频"。其中最棒的集锦视频时长能达到十分钟左右。最精彩的有健身狂人跳蹦床时直接被弹进附近的灌木丛里，婚礼上交换誓词时新郎放屁，魅力四射的电视节目主持人由于脚下不小心倒在了身后的沙发里，监视器拍到的边走边发信息的人先是走进商场喷泉，然后才走进公交车候车亭里。我开始熟悉这种视频的各种细分类别的名称，比如《技术糟糕的司机》《晒肤喷雾事故》《只做一件事都能搞砸》……

在孩子出生后的那几周黑白颠倒的日子里，看这些视频成了我的秘密法宝、救赎之路。

别搞错了，出糗视频和滑稽表演是不同的。晚上有时候我会选择看后者；我认为后者更高级，也更有教育意义。我发现我重新爱上了英俊严肃的巴斯特·基顿（Buster Keaton），看到他与旋风作战，躲过倒塌的建筑，差点被飞来的纸箱砸中时，我会愉悦地长舒口气。看着劳莱与哈代花好几个小时搬着钢琴往楼梯顶上走，我会发出轻蔑的哼哼声，只因钢琴又会滚下来，回到原点。我还循环播放电影《雨中曲》里的《笑开怀》歌舞片段，臣服于演员精准合拍的摔倒和空翻动作。

但这些都是杂技似的惊险动作，和那些廉价的刺激视频没法比——比如说有人失手打碎价值连城的摆件，有人被危险的鸵鸟追赶，有人被一群蜜蜂围攻。记录人们大出洋相的视频一再吸引着我去看，我对这类视频的要求也越来越高。

通过翻看视频下面的网友评论，我可以看出人们特别在意出糗视频的真假，他们擦亮眼睛，不错过任何破绽——比如视频中的人向镜头快速瞥了一眼，或者视频中发生的事给人感觉明显是事前准备过的。就连最微乎其微的摆拍嫌疑都会遭到网友群嘲。他们嘲笑的并不仅仅是为了一举蹿红和赚取流量佣金拍这类视频的人，还有那些被这类视频吸引并信以为真的网友。真正让出糗视频的鉴赏行家兴奋的，其实并非他人经历了特别痛苦的事，而是他们压根儿没料到会发生什么。这类视频的重点在于出其不意，让观众觉得视频里的人真的很倒霉。

捧腹大笑

·······

出糗视频算得上我们这个幸灾乐祸的时代的文化高峰。我们来好好看看这类视频有多流行吧。浏览量最大的TED演讲——由全球领袖和哈佛学者做的关于教育、领导力和创意的鼓舞人心的演讲——目前的浏览量在3000万次左右,而一个新手爸爸被他蹒跚学步的小女儿踢到要害的视频在全世界的浏览量已经超过2.56亿次(截至目前)。也许你觉得这个事实令人沮丧。

然而,这样的乐事并不新鲜,也不是互联网发明创造出来的。在出糗视频之前,有《今天你上镜》(*You've Been Framed*)和《美国最搞笑家庭录像》(*America's Funniest Home Videos*);而在家庭录像机之前,还有信件、日记和恶作剧。公元3世纪，古罗马皇帝埃拉加巴卢斯喜欢在晚餐时让他的客人坐在充气的坐垫上，宴席中坐垫会泄气瘪掉，客人就会摔到桌子下面。[21]一座公元前15世纪的古埃及墓穴上画着一名雕刻工手中的木锤掉在了工友的脚背上。[22]很多文化都有滑稽表演的传统，比如潘趣与朱迪那种木偶和小丑（clown，有理论称这个词来源于斯堪的纳维亚，冰岛语里是"klunni"，瑞典语里是"kluns"，意思是笨手笨脚的人）。再比如，土耳其皮影戏里的人物卡拉格兹喜欢吹牛，而且暴力得可笑——在一个故事里，他试着用一个超大的洒水壶砸双方的脑袋来劝架，结果他摇壶摇得太用力，自己被洒水壶撞晕了。

2011年，牛津大学的一群进化心理学家研究大笑和我们承受痛苦的能力之间的关系。他们发现了一件事：人们看滑稽表演时，只有在认为"里面的人一定很疼，要是我肯定会死"的时候才会真的狂笑。实验时，他们给参加实验者播放了一系列喜剧短视频，其中包括情景喜剧、脱口秀、卡通片等（还有他们能想到的最无聊的视频片段——竟然是一场高尔夫球赛——抱歉啊，各位高尔夫球友）。只有顽童闯祸式的憨豆先生的视频才让大家真的笑到肚子疼。对于他们来说很有意思的一点是，这种会让人的肺完全参与进来，甚至会让人感到痛苦、想吐的笑，似乎是人类所特有的，而且在集体中人类会笑得更夸张（这也解释了预先录制的笑声的传染效应）。这种捧腹大笑会带来其他类型的笑不能带来的温和的狂喜感——实验还发现，大笑能够降低我们对痛苦的敏感度，最多能降低10%。[23]

面对别人的痛苦放声大笑或许可以减轻我们自己的痛苦，但是在很多文化中，这种失控的捧腹大笑会带来满满的社交焦虑，不仅仅是因为这意味着笑的人缺少同情心。有人会势利地认为吵闹的大笑是粗鲁的表现，将其与缺少教养和自控能力的社会下层阶级联系在一起。举例来说，在17世纪的荷兰油画中，农民张嘴大笑，露出一口烂牙，流下长长的口水；而贵族则抿嘴微笑。在16世纪早期的西印度，学者们在笑的仪态与社会阶层之间发现类似的关联：梵文诗人巴努·达塔（Bhanu Datta）在他的作品《拉莎之河》（*Rasatarangani*, *River of Rasa*）中对比了不同观众观看同一出喜剧时的反应——上层阶级掩口偷笑，中产阶级轻笑，下层阶级捶胸顿足地大笑，笑得眼泪都顺着脸颊流下来了。[24]在一些文化中，捧腹大笑不仅仅令人厌恶，更会带来危险：澳大利亚中部延杜穆的瓦尔皮里人认为，腹部是所有激情的来源，因此，若某人因他人的意外笑得肚子疼，他一定会引来周围人的愤怒。[25]

某些文化确实对捧腹大笑比较谨慎，但是牛津大学的科学家根据他们的发现试探性地提出了一个观点：这类大笑对我们的生存很关键。看到他人摔跤或者被棍子敲脑袋就开怀大笑这样的行为一定可以追溯到非常久远的史前时代。我们因为他人的倒霉而感到开心帮助我们活了下来，让我们更好地去应对身体方面的困难；更关键的是，在能保护我们的集体中，这种情绪将我们更紧密地团结在一起。如果幸灾乐祸早就被写进了我们的基因中，那么我们从多小的时候就开始有这样的反应了呢？

孩子们的扬扬得意

....

我坐在伦敦大学金斯密斯学院的实验室的一间用黑色布帘遮住的小隔间里。隔间里有两个座位，我占了一个，我的孩子E坐在另一个安着增高椅的座位上，他当时只有九个月大。安装在帘子上方的摄像头以各种角度对着我们。我们对面坐着卡斯帕·阿迪曼博士（Dr Caspar Addyman），他正摇着手里的拨浪鼓。

卡斯帕是一名发展心理学家，也是婴儿欢笑项目（Baby Laughter Project）的创始人，其研究目标是搞明白什么会让婴儿大笑以及背后的原因。这听上去是一个奇妙而有趣的研究项目。研究者本人卡斯帕染着浅蓝色的头发，和人们想的一样，作为一个日常工作就是把婴儿逗笑的人，他周身散发着让人感觉亲近、放松的气场，但是对卡斯帕来说，如果不仅仅是想理解大笑本身，还想懂得我们和其他人是怎样建立感情联系、学习和活下来的，那么研究大笑的起源就是关键。

我们参与了他的一项实验。卡斯帕发出起哄的嘘声，我胳肢E，E咯咯直笑。一切都十分可爱。

"小婴儿会幸灾乐祸吗？"我问，同时有点紧张地朝双眼放光、胖乎乎的E瞥了一眼。他正坐在我膝头，看着一个恐龙马甲开心地咧嘴乐。

"起码弗洛伊德是这么想的，对吧。"卡斯帕边说边做了个鬼脸。

弗洛伊德在他的著作《诙谐及其与无意识的关系》中提到这样一个理论：其实孩子没有幽默感，他们有的只是对自己的成功的扬扬得意，这种情绪会在让他们感觉比身边的成年人更优越的罕见时刻出现。"孩子会因为优越感或者幸灾乐祸而哈哈大笑，"弗洛伊德在书中这样说，"你摔倒了，而我没有"。"这是因为纯粹的快乐发出的大笑。"[26]对弗洛伊德来说，快乐就是所有的需求得到满足，尤其是压制或胜过他人——尤其是那些行使权力管你的那些人——的欲望得到满足。

"这太可怕了。"卡斯帕说,"这是典型的弗洛伊德理论。我觉得这个理论从头到脚都是错的。"

我告诉他,每当我3岁的孩子看到我和她父亲一团乱的时候,还有当我们说某个词的时候发错了音,或者把一个朋友的名字搞错了的时候,她都非常兴奋。有时候我们甚至会故意出错,就是为了让她嘲笑我们,逗她开心。大多数学龄前儿童的父母都很熟悉我说的这种情况(是吗?)。卡斯帕同意,那样确实能让孩子快乐,但快乐的原因并非像弗洛伊德所讲的。孩子"不太清楚自己的局限性……他们不会像弗洛伊德以为的那样,因为自己的失败而备受困扰"。

卡斯帕打开他的电脑,向我展示了两张图表——上面记录了父母和照看者所说的婴儿大笑的原因。当被问到婴儿摔倒时婴儿自己笑的频率时,绝大多数家长给出的答案是"经常"和"特别经常"。被问到婴儿看见别人摔倒时笑的频率时,家长们无一例外地给出了"从来都不会"这个答案。

这倒是说得通——看到其他孩子摔跤、受伤和哭泣都会吓到小婴儿，更不用说看到照顾自己的人受伤了，但是对卡斯帕而言，事实上，小婴儿看到其他人摔倒不会大笑并不仅仅是因为害怕，而是有道德上的原因："自古以来，人人都认为婴儿没有道德观念，认为只有大人教了，他们才知道是非对错，但其实婴儿有公平意识，也有强烈的同理心——如果有人受伤，小婴儿能明白是怎么回事，也会关心。"

如果他们目睹的失败不太严重呢？我给卡斯帕讲了一个故事：我的一个朋友曾经给他的孩子表演抛接球。他以为孩子看到各种颜色的球起起落落会特别开心，结果孩子看后却没有表示出一点兴趣。直到他不小心没接住球，球在地板上弹来弹去，他慌忙去捡的时候，看到孩子正饶有兴趣地看着，并且发出刺耳的笑声（真是个无情的家伙）。如果说小婴儿看到大人摔倒并不会开心，那看到大人偶尔狼狈不堪会怎样呢？

卡斯帕咯咯地笑起来。他告诉我，罗罗剧院（Theatr Iolo）的导演萨拉·阿金特（Sarah Argent）为小婴儿和非常小的孩子排话剧。"她跟我说，她敢打包票，有一件事能让所有小婴儿都开口大笑，那就是其中一位表演者不小心将道具掉到地上。孩子们都特别爱看这一幕。"

大点的孩子会逐渐喜欢上看更严重点的事故（我们在第三章中会谈到）。如果不像弗洛伊德说的，婴儿大笑并非因为他们有优越感，那么他们为什么会觉得我们大人手足无措的样子好笑呢？对卡斯帕来说，研究婴儿欢笑很有意思是因为它与学习行为有关，让小婴儿大笑的和引发惊讶很有关：像把脸一隐一现或者突然将东西翻转过来这种逗小孩的把戏会帮助他们快速了解这个世界，小婴儿的大笑——通常伴随着成人行为——就是重新认识这个世界的标志。

意外之"喜"

·······

◆ 一个小子耍酷，故意坐在椅子上向后仰，把重心放到两个椅子腿上，前后摇晃，结果椅子翻了。

◆ 在人头攒动的酒吧里，一个男招待失手将放着玻璃杯的托盘摔到地上。

◆ BBC 广播 4 频道《今日》节目的主持人詹姆斯·诺蒂（James Naughtie）在向听众介绍下一位嘉宾——时任文化部长杰里米·亨特（Jeremy Hunt）的时候出现口误，把他的名字说成了 Jeremy Cunt*。然后，诺蒂在周围一阵

---

* "cunt" 意为女性的阴部、淫妇。——译注

狂笑中强装镇定,努力继续播报晨间新闻,同时憋住笑,假装自己在咳嗽。这让大家笑得更欢了。

× ♡ ×

水管爆裂,射出50英尺*高的水柱。面粉口袋的接缝处崩开。一辆空车的手刹松了,车向后退时撞上了一根灯柱。社会学家罗杰·凯卢瓦(Roger Caillois)了解人们在亲眼见证糟糕场景时兴奋的心情,他管那叫"以琳科斯(Ilinx)"[27]——这个词源于希腊语中表示"旋涡/混乱"的词——认为它带来的迷失感与神秘的恍惚感造成的愉悦感相类似。对破坏行为的研究发现,这种愉悦感随着不可预见性的增强而增强。想想碧昂丝在《保持》(*Hold Up*)的MV中的表演:她走在街上,戏谑地挥动棒球棒(她会真的打下去吗?会吗?),然后突然向一辆车的车窗打去。

人的大脑需要大量的可预见性,没有这个,我们很快

---

* 1英尺 =0.3048米。——编注

就会陷入不知所措的状态。我们从事物发展中寻找规律，学着预期世界的发展趋势，因此，当世界让我们吃惊时，比如当马路牙子比我们想的还要高，一脚踏上花园里乱扔的耙子，或者发现水洼下面竟然是敞开的下水道口时，我们会感到头晕目眩、手足无措。小意外可以释放我们的压力，平衡我们的情绪。它们也让我们感觉到生活在这个不断让我们产生挫败感的世界中有多荒诞。它们还让我们感觉到自己的渺小。日本有一种诗歌叫川柳，它相当于讽刺版的俳句。即便在这种18世纪流行的简洁文体中，我们也能找到诗人对人们渴望掌控人生却徒劳无功的微妙讽刺：

真是好笑，

他的伞

就这样被旋风卷跑了。[28]

法国哲学家亨利·伯格森（Henri Bergson）在他1900年写的文章《笑》（*Laughter*）中说："想象某个情形和其中的某些角色。如果你将该情形和里面的角色进行逆转，摆在你面前的就是一个喜剧场景。"[29] 形势的急转直下就是这样一种逆转：刚刚那个一切尽在掌握之中的庄重严肃的人突然变得糊涂、惶恐起来。想象一下这样的画面：一位主持人站在一只小船上，手里捧着一条大鱼，正用沉稳严肃的语气谈论当地的环境问题。这时，那条之前一动不动的鱼猛地打了一个挺。主持人尖叫一声，撒了手。大鱼在船上拼命地扑腾着。主持人被吓得不轻，一直往她身后那个钓鱼人的怀里躲。

我们的情绪会令我们吃惊，也会令我们看起来傻乎乎（事实上，17世纪和18世纪时，"惊讶"（surprize）的意思是被一种强烈的感情控制住）。举例而言，当你听说有人做了尴尬的事或者说了尴尬的话时，你可能会感到强烈的窃喜。看看（英国哲学家约翰·奥布里所著的满是八卦的《名人小传》中的）这则故事吧：

> 牛津伯爵向伊丽莎白女王鞠了一躬，"同时不小心放了一个屁，为此他深感窘迫和羞愧"，于是他将自己放逐了七年。"回到故乡后，他得到了女王的迎接，并对女王说，他已经把那个屁忘了。"[30]

还有这个故事（BBC专栏中关于糟糕的约会的故事）：

我和约会的女孩愉快地吃了一顿中餐。饭后回家的路上，我们开车驶入阿尔德沃思的一条乡间小路，周围十分宁静。突然，我感觉肚子里翻江倒海，晚饭似乎迫不及待地要冲出体外。我知道自己憋不住了，但也不好意思坦白说我得下车找厕所，所以只好假装被一只黄蜂蜇了屁股，然后跳出车，在后保险杠旁边蹲下。

我一边解手，一边蹩脚地用突兀的咳嗽声掩饰我排便的动静。就在我慌慌张张地寻找任何可以用来擦屁股的东西时，我的约会对象在车上问我是否还好。我只好不断扯瞎话，向她实时报告我的"伤情"，并且坚持让她待在车里，因为外面还有很多黄蜂。

最后，我终于摆平了当时的状况，满意地站起身，拉起牛仔裤，重新坐回到车上。这时，我立刻意识到自己的噩梦还没结束，而且情况更糟了——我牛仔裤后面糊了一片屎，弄得现在车里弥漫着挥之不去的屎味儿。

我一脸惶恐地坐在驾驶座上不知所措，和我约会的女孩突然大笑起来，跳下车，但是她没笑几声就安静下来了，因为她本想从车后绕过来帮我，结果一脚踩到了我之前拉的那摊屎。

后来我们再也没见过面。[31]

如果说看到人们尴尬的样子感觉很有趣，那看到他们受羞辱的样子又会怎样呢？和我们之前讨论的受害者的状态急转直下，局面发生反转这种情况不太一样，他人受到羞辱的情景会让我们困惑、慌张和说不出话来——然后过去好一会儿，我们还是不知道该做何反应。至少这和我想象中《卫报》官网上登出的容易引起争议的文章下方的评论区情况差不多。只要你不断往下刷评论，迟早会看到挑衅之人发的引战评论，然后有很多评论者没有明智地选择无视这类言论，而是针对这些早就不知去向的挑事的人愤怒地写上一大堆回复，而且这些人的回复会越来越长，越来越复杂，最后变得好像小论文一样（有的甚至还会加脚注）。

看到他人因意想不到的强烈情绪变得激动不已、慌张惊恐而窃笑,并迅速堕落成一个残忍的变态,为什么会这样呢?什么样的人会享受他人的惊恐呢?2016年,四名用户在优兔(YouTube)网站的Trollstation频道上发布了一条视频,其记录了他们在国家肖像美术馆上演的一起假抢劫,引起了网友的恐慌和反感。这并非视频播主首次为了赚取点击量发布此类极端的"恐怖恶作剧"——比如假炸弹、假泼酸伤人事件。后来,一手策划国家肖像美术馆假抢劫事件的骗子锒铛入狱。法官说,这些人这样做的目的之一就是要通过"录下人们被吓坏的反应并发到网上"这一方式"羞辱"那些受害者。有人可能会说,他们的目的确实达到了:那段视频在优兔上的浏览量将近100万。(保持安全距离)看他人恼羞成怒的样子可能很有趣——他们会气恼地挥动胳膊,表情狰狞——但是看他人陷入恐惧或痛苦就不会多有趣了。我们该在哪里画这条分界线呢?

大多数出糗视频会在观众看出当事人伤得多严重之前结束,要不然当事人就会在末尾向观众展示自己一切安好并且自嘲一番。

"跳进湖里的男人"视频就属于后者。不过也有另一种视频，其录下了拍摄计划以外的内容，比如说《葡萄女士》视频。《葡萄女士》是亚特兰大城的记者对当地的踩葡萄节组织者进行现场采访的视频。采访者和被采访者都卷起裤管，各自站在一桶葡萄里，赤着脚不断踩踏葡萄。此情此景已经很滑稽了，但接下来采访者失去了平衡，从台上摔了下来。这确实让我大笑起来，但是后来我听到视频中传来她痛苦的尖叫，原来她的腿受伤了。她听上去格外脆弱和害怕。我的幸灾乐祸顿时不见了，我转而感到一阵羞愧。

然而，有近1900万人观看了《葡萄女士》。"我真是不懂你们。"这个视频下的留言板上有个人写，"我不明白你们怎么会觉得这个视频有趣。"另一个人留言说："我们一定有代沟。"还有一个网友说："你们都是反社会的变态吗？！！"

在这些表示困惑不解和恐惧不安的评论中，有一条这样的谴责："这样的视频让你们觉得自己很强大，是吗？"

SCHADENFREUDE

是他们活该

·······

◆ 运动会上，那个总是压你一头的孩子把自己的衣裳弄湿了，不得不回家去换。

◆ 酒吧间的台球桌上，你的宿敌想让白球跳过另外一个球，结果滑杆了。

◆ 人们发现，种出最大南瓜的那个人的南瓜是从乐购超市买的。

◆ 你那个完美的邻居养了一条修剪得整整齐齐的宠物狗，但你看到那条狗在狐狸粪便中打了个滚，然后跳上了他们家轿车的前座。

◆ 你工作上的竞争对手总是吹嘘自己的音乐品位高。圣诞派对上，他公放自己的iPod，结果传出了他自己录的俗气劲歌金曲。

× ♡ ×

轮滑阻拦赛是一项全接触型的体育运动，女性业余选手穿旱冰鞋进行对抗。这项运动始于20世纪30年代的美国，当时轮滑风靡一时，很快发展成了运动休闲活动——半竞技性，半表演性。21世纪，轮滑阻拦赛脱去所有表演元素，成为一项真正的体育运动，还披上了女权朋克的外衣。目前，世界范围内有一千多个轮滑联盟。不过，这项赛事也保留了一些女性运动休闲元素，比如说赛前有许多展示动作，运动员穿着缀有小亮片的五彩缤纷的紧身衣、紧身裤，场地上尽是震耳欲聋的音乐声和迪斯科舞灯光，运动员脸上涂着油彩，用着化名，举手投足张扬自信，颇有个性。伦敦就有一支队伍叫摇滚轮滑队（Rockin' Rollers），主力队员一个叫保利娜·福勒（Pauline Foul'er），一个叫巴尔巴罗拉（Barbarolla），还有一个叫威利·米诺格（Wiley Minogue）。

这也是一项极其危险的运动。双方各由五名队员组成，她们会以不可思议的速度围着椭圆形赛道绕圈，同时努力将对手拦到一边，让自己队的"大星"*突破阻拦群。对其他队员的肩膀以上或大腿中部以下做出阻拦行为都是犯规，但就算是合规的阻拦行为都可能相当粗暴。场上常发生运动员绊倒、在赛道上摔得四仰八叉或者扑进人群的情况。一个撂一个的情况也很常见。除此之外，流血、淤伤和脑震荡也是家常便饭。

有一天晚上，我去看比赛。"我"的队快要输了，这时，敌队的明星队员摔倒了。她被用担架抬出赛场的时候，观众席上发出阵阵口哨声和击掌声。她的伤是她的英勇而非软弱的证明。我捏紧了手里盛着温啤酒的塑料杯子，和人群一起欢呼，一心向她的勇敢致敬，但是我不想撒谎：在这片情义的海洋中，我感觉到自己心中暗暗涌起一丝期待：她受伤无疑意味着"我"的队获得了优势。

---

* 参赛双方每队中唯一佩戴含有星星标志的头盔罩的轮滑队员。——译注

可耻的身体

•••••••

◆ 我表妹不小心吞下了她的牙医的一团鼻涕。

◆ 我的室友打开冰箱,发现里面有一杯鲜榨的柠檬汁,于是喝了一大口,这才发现那只是打散的鸡蛋。

◆ 一个朋友的朋友舌头肿了,她不得不去医院,在舌头上打针,然后"像挤一颗硕大的痘一样"挤舌头。

× ♡ ×

在法雷利兄弟(Farrelly Brothers)1998年导演的喜剧电影《我为玛丽狂》(*There's Something About Mary*)

中，泰德（本·斯蒂勒饰）去接他美丽的舞会女伴玛丽（卡梅隆·迪亚茨饰）。他在她家上厕所，结果，因为提裤子时太着急，睾丸被裤子拉链卡住了。

最后，玛丽的继父走进卫生间，被眼前的一幕吓呆了。玛丽的妈妈紧跟着进去，不忍直视，尖叫起来。听到尖叫声，一名警察从玛丽家卫生间的窗口探了进去，看到泰德的情况，一脸难以置信。然后，一名消防员来了，还通过无线电对讲机把他的同事叫了过来，甚至嘱咐他们别忘了带上照相机。最后，我们终于看到了泰德的伤情——拉链尖利的金属拉齿之间挤出几处珍珠粉色的凸起，看上去不可能不发出惨叫就能全身而退了。"毫无畏惧和闪躲地直视画面可以带给人满足感。"苏珊·桑塔格（Susan Sontag）说，"然而，畏惧和闪躲画面能带给人快乐。"[32]

人们热爱分享关于可怕的生理窘况的奇闻——越离奇或严重，引起人们越多畏惧和反感，就越好。我们在前一章中就探讨过了，人身体上的不端会让他人惊讶无措，但惊讶之余，他人肯定还会有一丝优越感。在如何认识他人可笑的失败和自己地位的突然上升之间的联系方面，17世纪的哲学家托马斯·霍布斯颇具影响力。他在书中写道："大笑不过是在对比他人的缺点之后对自己的优点突然萌生的骄傲与自豪。"[33]即使是我们自己过去的种种"缺点"，在对比我们目前的成就后，也能支配我们的感受，让我们越发为自己的成就骄傲自豪，"因为人们亦会笑话自己过去做的蠢事"。

幸灾乐祸看起来有些卑鄙的原因之一是，这种建立在他人肉体上的疼痛或形象上的笨拙基础上的力量感可能会促使我们从更加残忍的画面中获得享受。想到伊拉克发生的人质被砍头的视频成为钓鱼新闻，我们可能会心中一紧，但是对观看死亡的欲望由来已久，深藏在人们心中。纽约街头摄影师维加（Weegee）在20世纪30年代和40年代用相机记录下成千上万的犯罪现场。除了溅满鲜血的尸体，相机还常常捕捉到伸长了脖子瞧热闹的过路行人和大着胆子盯着看的闲人。1727年，约翰·拜伦——海军军官、诗人拜伦的祖父在日记中写道，他步行进城，在舰队街上遇到一群人。这群人围聚在一处下水道口，"全在围观昨夜或者今晨栽进下水道摔死的人"。[34]在写于公元前4世纪的《理想国》中，柏拉图描写了年轻的贵族勒翁提俄斯的内心挣扎。这个年轻人想去看扔在城墙外的刚被行刑的罪犯的尸体，但又觉得不应该，便拼命压抑这份欲望。[35]

进化心理学家认为，人们对观看灾难和惨剧现场有浓厚兴趣，这背后自有原因——这是为了确保自己了解风险以及如何规避风险。这听起来很有道理，不过这个正面原因并非全部。很多诗人和小说家都描述过一个人看到他人受苦而产生的优越感和支配感。举例而言，小说家查尔斯·马图林（Charles Maturin）在他于1820年创作的哥特幻想小说《流浪者梅莫斯》（*Melmoth the Wanderer*）中写道：

> 我听说有人去过每天都有人围观实施极刑的国家。在那些地方，你永远能体会到他人的痛苦带给你的兴奋……那是一种从他人痛苦中获得的胜利感，怪不得痛苦总是等同于软弱——我们为自己的平安无事感到自豪。[36]

近两千年来，我们都是通过拿自己的好运气和他人的倒霉作比较来获得这种自豪感的。在创作于公元前100年到公元前50年之间的《物性论》（*De rerum natura*）里，古罗马哲学家及诗人卢克莱修就写到了幸灾乐祸，那是

- 61 -

关于这个话题流传至今的最早论述之一。这首长诗本身没有什么受大众欢迎的潜质,里面没有好勇斗狠的诸神,也没有哪个人物不小心和母亲发生了不可描述的事情——它是关于物理的诗,但是在第二节《原子之舞》中,卢克莱修描写了像他这样的哲学家是如何从世俗的烦恼中解脱出来,获得内心的宁静,享受地看着非哲学家在金钱和性爱中沉浮的(所以我要是告诉你,据传卢克莱修最后不小心吞下了一剂春药,死于疯狂的性欲,你一定会笑出声来)。卢克莱修将自以为是的哲学快乐与看海上船只遇险的快乐作对比:

> 当狂风卷起波浪的时候,
> 自己却从陆地上看别人在远处拼命挣扎,
> 这该是怎样的一件乐事;
> 这并非因为我们乐于看见别人遭受苦难,
> 而是因为我们很高兴地发现
> 我们自己免于受到怎样的灾害。*

---

* 引自方书春译的《物性论》,商务印书馆出版,1981年6月。——译注

尽管很难想象有人会站在码头上开心地遥望海上船只被风暴裹挟,但卢克莱修描绘的这幅画面还是在历史的长河中,在比我们更熟悉航海的文化中引起了广泛的共鸣。霍布斯也提到过遥望船只在风暴中被抛来甩去:"看到这一幕,人们一定会心生欢喜,"他写道,"不然不会有人聚到岸边遥望这样的奇景。"约翰·约阿希姆·埃瓦尔德(Johann Joachim Ewald)在他的诗《暴风雨》(*The Storm*,1755)中也写到了这种快乐。他生动地描绘道,一艘船被卷入狂风,天空突然漆黑一片,风声犹如鬼哭狼嚎,海浪舔舐着船帆:"小船几乎要被扯碎,而我……安然无恙,因为我只是站在岸上遥望这场风暴。"[37]在埃德蒙·伯克(Edmund Burke)看来,广阔且翻滚着的大海有一种"令人愉悦的恐怖"[38];看到他人深陷危难让18世纪的文学理论家让-巴普蒂斯·迪博(Jean-Baptiste Dubos)生出一种对生命的热爱,抛却了可怕的倦怠。[39]我最贴近这一心理的一次是看着透纳(Turner)1803年的画作《加来码头》(*Calais Pier*)中的水手们在暴风雨中坚持着,衣服被大风扯来扯去,感觉温暖舒适,如释重负。

在19世纪中期,关于人们喜欢看他人陷入危险这一心理有一个新的解释。因为达尔文的进化论强调"物竞天择",很多人开始认为,我们看到死亡与毁灭的场景时感到兴奋不过是因为我们身上还残留着更暴力混乱的过去的影响。"如果进化论和适者生存这一假设成立,"心理学家威廉·詹姆斯(William James)在1890年写道,"人类的原始功能中最重要的一个一定是摧毁猎物和人类对手。战斗和追逐本能一定是我们身上根深蒂固的烙印",因此实施暴力或看到敌人受伤或遭到毁灭性打击会给我们带来"强烈的快感"。[40]对于詹姆斯和其他人而言,有组织的体育运动是这种古老暴力在现代社会中的典型表现。"看看那些陪伴在拳击手左右的卑鄙无耻的员工,他们都是寄生虫,看到拳击手的暴力行为带来的荣耀,仿佛自己也跟着沐浴在荣光中……(他们)都不用忍受伤痛就可以分享胜利的狂喜!"我们的大脑里一定有块古老且容易犯糊涂的地方,让我们看到他人痛苦时就以为是我们打败、征服了对方,于是产生胜利的感觉。

他（们）活该！

·······

◆ 在奥林匹克花式骑术比赛的关键时刻，其他国家的马拉屎了。

◆ 你最喜欢的花样滑冰运动员的宿敌摔了一跤。

◆ 巴西队在世界杯比赛中意外出局，美国人非常高兴，开始疯狂在网上发图——首先是盛装观赛、兴奋不已的巴西人，接下来是难以置信、紧张兮兮的巴西人，最后是泪水涟涟的巴西人。照片底部还有字，比如"巴西人今天的日子不太好过"，或者"需要抱抱吗？"。

× ♡ ×

你能想象出不存在幸灾乐祸的体育运动吗？一记恰好砸在对方球员身上的射门或对方守门员的失球让我们欢欣鼓舞，这样的时刻在比赛中怎会缺席？卡洛斯·威廉姆斯（Carlos Williams）在描写一场棒球比赛场上的观众时就说了，众所周知，失误是比赛的戏剧性不可或缺的一部分："追逐/闪避，错误/灵光乍现。"[41]当然了，球员自己会表现出亲切谦逊的一面（不过，我有可靠的证据证明，当对手击出的球往长草区飞去时，高尔夫球员心中会暗暗涌起他们永远都不会承认的胜利感；"高尔夫是伪君子的运动。"有人这样告诉我）。

但体育迷很少受这样的礼仪束缚。"体育运动"（sport）这一词语首次出现在11世纪，和"讥讽""愚弄"的意思相近（比如说有"让我们'体育运动'某人一下吧"*这样的说法）。我们支持的队的失误可能会激怒我们，但敌队失误则会受到我们最大程度的得意的蔑视。在某些运动中，因为对手的主动失误（送分）而扬扬自得是非常失礼的举动。在温布尔登网球锦标赛中，开闪光灯

---

* make sport of someone。——译注

照相、用自拍杆照相和幸灾乐祸都是违规的行为："永远不得为发球触网或双发失误鼓掌。"永远！当然了，有时候会出现局面失控的情况。2015年，在中心球场上，英国网球一姐希瑟·沃森（Heather Watson）对战世界排名第一的塞雷娜·威廉姆斯（Serena Williams）。当威廉姆斯出现主动失误时，主场球迷就没能控制好情绪，发出了压抑已久的欢呼声，使得威廉姆斯不得不向裁判提出抗议。我们都见过这种父母：他们在体操比赛中看到自家孩子的9岁对手后空翻后落地出现失误，就攥紧拳头低声喊道："太好了！"

你可能觉得，在我们稳赢的时候，对手出现失误尤其令人愉快。事实上，关于体育迷的很多研究都表示，我们自己的成功和对手的失败相比，能带给我们的快乐还不及后者带来的一半。还记得我们之前举的例子吗？球迷看到敌队罚点球没进时的笑容比看到自己支持的球队进球时的更灿烂。这当然不是人们唯一一次发现这种现象。2010年世界杯期间，两名荷兰心理学家，同时也是热心球迷的亚普·W.欧沃克（Jaap W. Ouwerkerk）和威尔科·W.范戴克（Wilco W. van Dijk）养成了一个卑鄙的习惯。在荷兰队打比赛的时候，他们二人通过一个荷兰电视频道看比赛，看到荷兰队踢得顺利，就换到一个外国频道上看，为的就是听另一个解说员的溢美之词。等到荷兰队被淘汰后，他们就把关注点转移到了宿敌德国队身上。在半决赛的时候，在吹哨前几分钟的时候，西班牙拿下了关键的一分，赢了德国队。两名心理学家兴奋地抓起遥控器，换到德国ADR电视台，就是为了好好看看，德国足球解说员是如何不情愿地讲述他们即将面对的失败的。这么做的不只有他们。后来他们发现，这场比赛结束之前，即德国队输掉比赛显而易见的时候，观看德国电视台直播的荷兰人的数量一度达到了352,000；[42]一名媒体分析师称这种现象为"幸灾乐祸密度"（Schadenfreude density）。

为何对手的失败即便不意味着我们能赢，也能给我们带来如此巨大的幸福感？也许我们在潜意识里是在做长远的打算，希望这会动摇对手的自信心。也许我们将此视为对我们之前因为失败受到折辱的一种补偿。在第八章中，我们会谈到，当我们人类组成不同的群体时，这些群体之间的竞争性会比两个个体之间的竞争性更强。

其带来的影响之一就是，我们对自己所属群体的归属感越强，越容易将对手视为竞争群体的一个平面的代表，而不是一个完全的个体。从很多方面来说，这都不是一个令人舒服的事实，而且它的影响能够在体育运动之外的很多更严肃的竞技场上体会到。不过，这可能在某种程度上解释了，为什么体育迷有时候会做出暗自幸灾乐祸这种不堪行为，比如目睹敌队顶尖队员受伤后会无意识地感到一丝快乐。

2008年，新英格兰爱国者（橄榄球）队的明星四分卫汤姆·布雷迪（Tom Brady）被堪萨斯城酋长队的一名队员击中，受伤倒地，他的惨叫让吉列体育场一时间鸦雀无声。然而，在纽约的酒吧和自己家客厅看直播的人并没有安静下来。《纽约时报》的一名编辑当时在曼哈顿闹市的一家酒吧观看这场美国职业橄榄球比赛，据他说，布雷迪倒地的那一刻，"餐厅里的人顿时欢呼起来"[43]。然后，当得知布雷迪韧带撕裂，伤势严重，不得不告别整个赛季时，网上聊天室里的网友们兴奋坏了。

并非人人都是这副嘴脸。"在一名运动员受伤时欢呼是无阶级性的缩影。"《纽约时报》官网Fifth Down博客的一名撰稿人这样写道,"但是当人类同胞受了重伤,痛苦不堪时,真的站起来欢呼?这太过分了。别跟我说什么表里如一,'对自己诚实'。生而为人,有些底线就是不能突破。"其他人则更信奉实用主义:"布雷迪告别整个赛季会让打败新英格兰爱国者队变得毫无意义……体育运动之所以伟大,就是因为其强中更有强中手的挑战性。"

这些评论给我留下的最深的印象却是,人们常常以"那个球员活该"来为自己的幸灾乐祸找借口。按照詹姆斯的说法,那些喝彩的球迷在为自己赢得比赛的可能性欢欣鼓舞,但是当被问到的时候,他们都表示这种快乐背后有着显然足够合理的原因:新英格兰爱国者队活该,因为他们在比赛中耍花招,阻截时出招阴险,或者因为过去的不公平,所以活该。最常见的说法是,他们太自以为是了,所以活该。

"我当然也加入欢呼的行列了,"一个满心欢喜的键盘侠在评论中说,"我是在我自己车里舒舒服服的车座上欢呼的。那个自以为是的蠢蛋和他那卑鄙的教练活该遭此一劫……没错,我就是这么刻薄。任何一个奥克兰突袭者队的球迷都会和我想的一样。"

SCHADENFREUDE

有些人就是要遭报应

◆ 一名网友在推特上写道:"今天有个家伙把手伸进我的口袋里,想偷钱包,结果发现自己掏到的是我的卫生棉条,尴尬得要命,还想方设法把它放回我的口袋里。我为他祈福,祝他走运。"[44]

◆ 有个人在自动取款机前取钱的队伍中加塞,结果卡被机器吞了。

◆ 一名已婚的俄亥俄州立法委员公开反对性少数群体(LGBTQ)*的权益,后来他被人发现在

---

* "女同性恋者(lesbians)""男同性恋者(gays)""双性恋者(bisexuals)""跨性别者(transgender)"和"酷儿(queer)"或"对其性别认同感到疑惑的人(questioning)"的英文首字母缩略词。——编注

自己的办公室里和一名男子做爱，只好灰溜溜地辞职了。

× ♡ ×

一天，我正在火车上，手机突然收到一封电子邮件，是我丈夫发来的，邮件主题是"你看过这个吗？"。

我二十多岁的时候是一名戏剧导演，曾经有一个比我资历深的男同事，他无休止地与跟我们合作的女剧作家、女演员调情，浅薄地在她们背后给她们的魅力打分。我没有为那家剧院工作太长时间，上述情况就是我离开的原因之一。

哈维·韦恩斯坦（Harvey Weinstein）的性骚扰丑闻在好莱坞曝光后，社交媒体上引爆了"#metoo（我也是）"反性骚扰运动。当时我恰巧读到了对那个现在已经是颇具影响力的导演的前同事的一篇采访。他在采访中说："我觉得寻找英国戏剧界的哈维·韦恩斯坦是一件光荣和值得自豪的事，有些人一定会被揪出来的。更多可耻的人会被曝光。这将是一个非常令人不快的过程，但这也是正义之举。我们必须仔细审查戏剧界，让光明照入黑暗。"看到这里时,我感到难以置信。他难道没意识到自己就是翻版的哈维·韦恩斯坦吗?

这件事过去几周之后,我丈夫给我发了那封邮件。邮件中有一条新闻链接。新闻中说,有五名女子看过那篇采访之后,站出来发声,说那名导演骚扰过她们。

我要澄清一点:我不了解她们讲述的具体情况。但是我不得不承认,在得知这个消息的那一刻,我首先想到的并非这些女子的遭遇。我的感觉是——那种感觉很难准确描述——一种狂喜,就好像有一道圣洁的白光在我心中绽开。我忍不住咯咯笑了起来。

报应带来的狂喜

•••••••

◆ 那个辱骂了机场办理登机的员工的男人发现自己忘带护照了。

◆ 你悠闲地往商店走的时候,正巧经过五分钟前被人抢占的车位,只见那个和你抢车位的司机还在来来回回地忙活着,怎么也开不进去。

◆ 你有个同事老是用公司的微波炉热鱼,让整个敞开式办公区都弥漫着腥臭味。这一回他食物中毒了。

× ♡ ×

恶人终得恶报让整个世界光芒万丈。生活中总有一些辉煌时刻,仿佛老天开了眼,终究让那个在车站楼梯上从我们身边挤过去,把我们拎的大包小包撞脱了手的人没赶上火车。我们走上月台,看到他们骂骂咧咧地看手表,然后抬起头来继续咒骂,感到一股暖流涌过心头,分外满意。这就是报应啊,我们喜滋滋地心想。善有善报,恶有恶报。怪不得我们会伸长脖子去看被抓住的逃票者,还有被交警叫到路边停车的司机:没有什么比看到违规者受到应有的惩戒更大快人心的事了。

索伦·克尔凯郭尔(Soren Kierkegaard)说,因他人命运不济而感到开心是"可憎的"[45]。夏尔·波德莱尔(Charles Baudelaire)说:"还有什么比看到他人的不幸时紧张的惊厥、不自觉的痉挛这些堪比打喷嚏的行为更能暴露一个人的虚弱的呢?"[46]但是历史上的大多数作家都同意,有一种情况下,我们有权因为他人的烦恼和痛苦感到开心,那就是当他们活该的时候。

18世纪时,德国哲学家伊曼努尔·康德相信,人类天生有"同病相怜"的倾向,或者说天生有同理心。观察当时的其他德国人的行为教给了他没有感情的逻辑不能教给他的东西:"那些以惹恼老实人为乐的讨厌鬼最后终于好好遭到一顿揍，这当然不是一件幸事，但人人都觉得这事没错，甚至觉得这种事是好事。"[47]康德的结论是，我们在惩罚中得到的快乐并不恶毒，而是源于为道德平衡得以重建感到的宽慰。他说，就连罪犯自己都可能会乐观地为自己受到惩处感到开心。

我们常常认为，现代的西方正义不受情感支配，是冷静、理性的，康德时代用来上鞭刑的柱子和足枷早已离我们远去。至少在英国，人们拥到绞刑架下起哄、呐喊那样的情形已经不复存在，被判刑的人大多是在私密的空间里受刑的。今天，当我们提起司法时，跃入脑海的更多是冷静且理智的审议与审判。

不过，正义依然带有强烈的情绪。2009年，伯纳德·麦道夫（Bernard Madoff）因诈骗罪被判处150年监禁。宣判后，法庭旁听席上一片欢腾。一个谋杀犯锒铛入狱，小报纷纷刊登出监狱牢房和囚服的照片，凸显这些事物令人不适的特质。很多电视节目都开始播放罪犯落网片段——从讲述郊区居民噩梦的《牛仔建筑工》

(*Cowboy Builders*)[*]到疑点重重的《猎捕恋童癖》(*To Catch a Predator*)，不一而足。《猎捕恋童癖》讲述了一些年长的男性在网上联系"未成年少女"并计划和她们见面，结果等着他们的竟是电视台摄像机和警察这样的故事——借一名网络评论员的话来说："被抓的时候他都吓得尿了出来，哈哈哈哈。"此外，我们很难忽略我们的网上"回音室"[**]内像子弹一样激烈往复弹射的道德谴责，对于这些言论，我们又不断辅以"点赞"和"转发"。这些激烈情绪爆发的时刻格外吸引人，因为它们戳穿了社交面纱。我们真的可以幸灾乐祸吗？我们有权在经过小心衡量后给出的惩罚之上再多加一些羞辱嘲讽吗？在这些快乐与羞耻并存的时刻，我们可能不只会想我们为什么会感觉这么爽，还会想，为了达到爽点，我们到底会走到哪一步。

---

[*] "牛仔建筑工"指以次充好、漫天要价的建筑工。——译注
[**] 在一个封闭的媒体平台内，一种信息、观念或信念通过反复传播而被加强或放大，从而使不同的或具有竞争性的信息、观念或信念无法得到充分表达，导致我们只看到和听到我们想看到、想听到的东西。那些观点不断重复之后使这里成为一间只能听到自己声音的"回音室"。——译注

正义成瘾

·······

◆ 一个成年人骑着小摩托风驰电掣地从一群正在过马路的老人身边经过，然后撞上了马路牙子。

◆ 有人发现，一名严厉的育儿专家的孩子在超市里表现得很没教养。

◆ 你的合租室友把你放在洗衣机里的衣物拿出来，把自己的放进去，结果不小心把一只红袜子和她的白色衣物放一起洗了。

× ♡ ×

上高中时，小詹姆斯·基梅尔（James Kimmel Jr）受到了其他男孩的欺负。这种暴力欺辱持续了很多年，直到他们射杀了吉姆*的狗，警察却对此什么都没做。一天晚上，吉斯自己在家，那群欺负他的男孩开车来了，往他家门口的邮箱里扔了一颗小炸弹。"我火了。"多年后，他在他工作所在的耶鲁医学院的办公室打电话对我说。于是，他抓起一杆上了膛的枪——那时他住在农场——开车跟上了那群浑蛋。

吉姆在夜色中驾车跟在他们后头，来到了他们的农场。他们停了车，吉姆也停了车。吉姆先是打开大灯，照得他们睁不开眼，然后端着那杆上膛的枪准备下车。那一刻，他说，他有种开悟的感觉。"我意识到，如果我杀了他们，就是杀了自己。当时我已经想得很明白了，杀人会付出惨重的代价。"于是，他关上刚刚拉开的车门，驱车回家了。然后，他开始计划成为一名律师。

那段高中时期的经历给吉姆留下了永远的创伤，他的律师之路也没有他预想的那样顺利。"我对诉讼非常感兴趣。每当我听委托人讲那些不公之事时，我就会对他们产生深深的同情，这也是一名律师必须具备的品质。同

---

* "詹姆斯"的昵称。——译注

时，这种特质也燃起了我内心渴望伸张正义的火苗。"然而，十年的法律工作把吉姆推到了他的极限。"我不管到了哪儿都会不遗余力地寻求公正……在杂货店里，若是我在付款时遇到有人插到我前面，我就想也让他尝尝被人插队的滋味……总之，在那种情况下，我的情绪就会极端不稳定。"最后，他被迫结束了他的律师生涯。

后来，有一次，他打开《纽约时报》，看到关于世界上最早的对正义之乐的脑成像实验之一的报道。这项研究是瑞士科研人员于2004年启动的。研究声称，看到正义被伸张，人们会受到激励。举例而言，在赌博游戏中，人们愿意花钱看出千者和趁机占便宜的赌客受惩罚。调查者发现，这一现象与大脑的背纹状体被激活有关。大脑的这个区域与处理（包括吸食毒品带来的欢愉在内的）奖赏有关。[48]如果惩罚他人的快乐足以让人为此花钱，吉姆想，那可以让人上瘾吗？

正义让人感觉很棒，这并不令人意外。合作和规则对保持我们社会的和谐和可预见性至关重要——惩罚那些犯规者和不值得信赖的人更是如此（在类似上文中说的实验中，当不允许参与者惩罚犯规者时，赌博游戏很快就玩不下去了[49]）。一项近期的研究表明，不管当事人有没有意识到，或者有没有从过往的经历（比如餐厅侍者会往言行粗鲁的顾客汤里吐唾沫）中领会到，这种想惩罚他人的欲望都存在。[50]就算是6岁的小孩子也喜欢看自私或不可靠的人受到惩处（同时，还会在对他们慷慨的人感到痛苦时产生同情）。

德国莱比锡市的一队科研人员建了一座木偶剧院，剧院里有的木偶表现得十分友善，有的则对孩子态度不好，比如说会给孩子一个好玩的玩具，然后又抢回去。结果，这些木偶一个个受到惩罚，挨了一顿打。看到好木偶被打时，孩子们会伤心苦恼，但是看到坏木偶被打时，孩子们会相当开心。惩罚在加重。研究人员允许孩子在木偶剧院幕布放下之前看木偶被暴打的情形，但如果想继续看木偶被打，他们就得投币。当轮到自私的木偶被惩罚时，孩子们就愿意投币观看。[51]

在日常生活中，我们常常会因为责备他人而付出一定代价——在社交方面遭遇尴尬，甚至招致打击报复。因此，我们收到的那些起补偿作用的令人愉快的奖赏显然具有非常强大的力量。那么，我们真的会对正义上瘾吗？吉姆·基梅尔当然也是这么想的，而且非常注意此事带来的风险，就这样，他从一名渴求正义的律师变成了精神病学讲师和研究员。他指出，一项研究表示，处理多巴胺上的差异会造成一些人从基因上就比其他人更倾向于享受正义[52]，而另一项研究表明，比起女性，男性从看违法犯罪者遭受惩处中得到的快乐更多[53]。

还有一项研究表明，当我们预料到惩罚要到来时，这种快乐会达到巅峰（对于前文事例中的孩子来说，快乐的巅峰时刻就在他们投币之后，木偶剧院的幕布再次打开之前），之后，快乐的程度会陡然下降，因为报复往往揭开了旧伤疤。[54]不管我们是亲自实施惩罚，还是旁观惩罚降临，都是如此。坎摩尔认为，对正义上瘾会带来巨大的风险，比如恐怖主义、仇杀和团伙犯罪。可就算我们只占据"正义成瘾谱系"最微小的一端，我们还是在渴望报复带来的满足感。也许我们已经上瘾了。

如果说还有让我们尽情渴望正义再一次降临的世界，那就是数字世界了。出糗视频、推特上的群嘲和脸书上人们对道德瑕疵的怒呛都常常被视为我们生活在一个幸灾乐祸的时代的证据。尤其是当我们舒舒服服地坐在自家客厅的长沙发上时,我们会更加渴望满怀恶意地打击报复。我们看到犯规者遭到羞辱而感到的幸灾乐祸,能够推动真善美,改变公共对话(关于此处,请参见第八章)。但暴民的正义常常会带来灾难性的影响,人们也常常会屈服于此。

社交媒体平台可能会说自己是中立的,但是这些平台怎样深刻塑造了我们的不公感已经越来越清楚了。很可能我们在线上接触到的罪恶比在线下面对面互动时接触到的要多得多,因为平日里在电脑屏幕的角落里会弹出许多关于种族灭绝、腐败的银行家和国际阴谋等的爆炸新闻。受到收益驱使的算法会向我们推送最容易被人分享和转发的内容——越是容易引起愤怒的新闻,我们越容易点开来看——这就让情况变得越来越棘手。也许让网友们在线上如此容易义愤填膺的原因就是,这种愤怒几乎不用付出任何努力或代价。躲在屏幕后面的我们不需要直接面对那些违规者或犯罪者,不用冒在真实世界中挨上一拳或者遭到羞辱的风险。此外,有研究显示,有人围观的时候,我们更容易做出惩罚行为,而在网络上,我们随时都有观众。如果我们想通过看别人得到报应获得快感，上网冲浪是最便捷的途径。

还记得贾斯汀·萨科（Justine Sacco）吗？她用她仅有170个粉丝的推特账号发出了一条蹩脚且欠考虑的种族玩笑：我要去非洲了。希望我不要染上艾滋病。我是开玩笑的啦。怎么会呢？毕竟我是白人！她对内容的判断失误引发了灾难性的后果：等她下飞机的时候，她的手机都快炸了，因为满屏都是义愤填膺的网友的谩骂。后来，采访萨科在事件发生之后生活有什么变化的英国作家乔恩·龙森（Jon Ronson）承认，他在推特上看到这起事件后的第一反应是"略带兴奋地想'啊哈，有人倒大霉了'"[55]。

不可避免的尴尬

....

文化理论家亚当·科茨科（Adam Kotsko）表示，尴尬是一种非常有当代性的窘况，是相互矛盾的价值体系同时运行时产生的情况。在尴尬中，我们不知道如何是好，或者说不知道该做什么。[56]幸灾乐祸则是一种容易导致尴尬的情绪，尤其是在网上，此类尴尬会在道德愤慨中产生；同样，我们也很容易在获知更多背景信息之后转变对这起引发道德讨论的事件的看法。举例来说，研究大笑的神经系统科学家索菲·斯科特（Sophie Scott）提到，当她在讲座上播放都柏林的一个行人在冰上滑倒的视频片段时，年轻人总是笑得前仰后合，但是那些容易摔跤的年长的观众很少笑得出来。这无疑让年轻人陷入尴尬的沉默。用讽刺报纸《洋葱报》(*The Onion*)上的一则新闻的标题来概括这样的情景再合适不过了:"这一点都不好笑,我哥哥就是这么死的。"

这类失策提醒了我们,对于什么样的倒霉事是活该的、对什么样的惩罚我们可以报以嘲笑,我们的看法会很快起变化。人们在一个人遭遇的痛苦是否公平这种事上的态度往往变来变去,而且很难得到统一。于是,问题来了:我们该怎样判定其他人该受到什么样的待遇?

神经系统科学家、《情绪是如何产生的》(*How Emotions are Made*)一书的作者莉萨·费尔德曼·巴雷特(Lisa Feldman Barrett)常常被免去做陪审员的义务,这都是因为她的职业。为什么?我问。都是因为这种事,她笑着回答我。最近她极少被法庭传去做陪审员。"事实上我很震惊。我作为一名科学家担心的一切都发生了。"那是一起民事案件:一个人在加油站因为地上的油脚下打滑,摔了一跤,于是他告加油站有过失。陪审团拒绝了他的赔偿要求。当陪审团的所有人都完成投票后,莉萨感觉整个陪审团休息室都沉浸在一种满足的安宁中。投票结果是6:1。你可能已经猜到了,莉萨投的就是和众人意见相左的那一票。

问题在于他们的大脑。按照莉萨的说法，大脑是"运转起来非常耗能的器官"，因此，大脑非常善于预测和把事物归入预先定义好的类别中，以便少费力气，把更多的精力留给其他工作。"我们觉得我们看到的就是客观真相，但实际上，是我们不断调整自己的体验，让它向我们已知的信息靠拢。"于是，轮到我们来判定一个人是无辜还是有罪的时候，这种确认偏误*会非常危险。

这个案子的原告并非出生在美国，英语也不是他的母语。"陪审团在讨论时多少有一些反移民的倾向。如果你心里想的始终是有移民要占政府的便宜，或者要占美国人的加油站的便宜……"她顿了顿，接着说，"我不会说这至于让我们开心，但是起码阻止这样的人占便宜会带来满足感。"

莉萨知道，我们看到他人得到因果报应而产生满足感这一事实很重要。"大脑无法吸收它附近的所有信息，所以只能靠着看似相关的信息做出决定"，将可能对我们有

---

* 个人无论事实怎样都支持自己的成见、猜想的倾向。——译注

直接影响的信息放到莉萨所称的"情感舒适区（affective niche）"中。[57]很明显，当有人拿着匕首靠近你时，你就会把这一幕解读为相关信息，然后体验到强烈的、让新陈代谢加快的情绪。可当有人遭到惩罚时，就算我们不是被害人，也不是实施惩罚的人，我们依然会体验到强烈的感觉——想要嘲笑或是狂热地辩护。这说明我们的大脑认定这类事情是有重要意义的。"对于那些没有发生在我身上的事、发生在遥远地方的事，甚至我可能永远都无法亲眼得见的事，我的大脑竟然会认定它们与我和我的身体相关并且做出反应，这真是太神奇了。"

我们关心这类事，无疑是因为从某种程度上我们认为，令他人陷入危险的事也会威胁到我们。"两名罪犯被警方抓住，一名伤害过男人，一名伤害过女人，我对他们感觉到的幸灾乐祸的程度一样吗？对于一名伤害过孩子的罪犯，我有孩子之前和之后感觉到的幸灾乐祸程度一样吗？"莉萨提出这一疑问。肯定是不一样的，因为很多证据表明，我们对那些和我们相似的人产生的同理心更强，对那些被我们归为"他者"的人受到的痛苦更迟钝。当违规或犯罪行为极有可能影响到我们自身的时候，我们才最有可能警惕，爆发出义愤填膺的战斗状态。

正因为如此，我这样一个坚定不移的步行者（因为我不会开车）看到在便道上骑自行车的人被交警叫停时才会感到如此满意，看到一篇讽刺性文章说给大学讲师（我就是一名大学讲师）差评的学生床上功夫都很差劲的时候才会感到如此开心，发现做关于新房装修的电视节目的人（和我一样）住在很邋遢的环境里时才会感到如此宽慰。

我看到罪犯伏法、正义得以伸张会感到快乐，一部分是因为我憎恨违反规则的人和伪君子，还有一部分是出于自卫——那些人的犯罪行为和违规行为可能会在未来影响到我。所以，他们遭到报应时，我才会欣喜若狂，并希望这些人能吸取教训，改正错误。

SCHADENFREUDE

期盼自大的人出糗

◆ Apple Park 园区中，诺曼·福斯特为苹果公司设计的新总部大楼使用了先进的玻璃墙，因墙体透明度极高，竟然有员工径直撞上，后来苹果公司不得不在玻璃上贴上标志，提醒大家这里有墙。

◆ 门铃响起，我开门一看是我丈夫。经常唠叨让我随身带钥匙的他竟然把钥匙落在家里了。

◆ 视频里，一对夫妇正在晒他们新买的 Echo Dot 便携蓝牙音箱。他们让刚会走路的孩子语音点歌。孩子："播放《挖掘机挖掘机》（Digger Digger）。"智能助手 Alexa："您想听色情电台是吗,火辣嫩妞?阴部、后庭、假阳具。"孩子的父母赶紧说(背景音):"不!Alexa!停下!停下!"(原来"挖掘机挖掘机"也是一个色情视频)

× ♡ ×

大约六个月前,我去了一趟英国伦敦国家美术馆。当时正值秋季,游客稀少,美术馆里相当安静。我恰巧走到彼得·勃鲁盖尔(Pieter Bruegel the Elder)创作于公元1555年的一幅画前。我和往常一样,先看了一眼画作的名字《有伊卡洛斯坠落的风景油画》(*Landscape with the Fall of Icarus*)然后瞟了一眼画布,在上面寻找那个渴望名誉尊荣,尝试向太阳飞去的人。我本以为会看到一个挥着巨大的假翅膀的肌肉男被一团火球裹挟着撞向地面,结果没有。画布上是一片宁静祥和的海崖风景。我又看了一眼画的名字,确实叫《有伊卡洛斯坠落的风景油画》。于是,我再次抬头看画,还是什么都没有。画上画着乡村的景致:一个农夫正在赶羊,朵朵云彩掠过,低矮的树丛繁盛生长,宁静的海湾上泊着一只小船。然后，我终于发现了他。就在油画的右下角，从农夫或羊群或其他画中人的角度上看都看不见；伊卡洛斯的脑袋已经扎进水里，水面上只看得见正在用力扑腾的两条腿。国家美术馆里能让我笑出声来的画没有几幅，这就是其中之一。伊卡洛斯生前一心想获得称赞与崇拜，死的时候却没有一人注意到。

还有什么比别人的自以为是更令人恼怒的呢？那似有还无的道德优越感，那夹杂着一丝刻意的谦逊的傲慢，那令人窒息的关切的微笑："是啊，我们确实买了一辆丰田普锐斯。""老实讲，我确实日出时起床冥想。"吵架后你向他道歉，那个自以为是的人却用施恩的口吻说："我原谅你。"（谁都知道，吵架后和好的规矩是——双方都得道歉。）当你得到了他们的帮助（说实话，也不是什么大不了的帮助），小声道谢时，他们却做出慷慨大方的样子说："不用谢。"自以为是和它的近亲——臭显摆、优越感、过度的野心和自负——都算不上犯罪，至少不像我们在上一章中提到的违规越矩行为那样过分，但是我们确实常常感到它们和犯罪无异。从伊卡洛斯到埃隆·马斯克（Elon Musk），狂妄自大的人出糗始终是我们最想看到的。这是一种特殊的幸灾乐祸,和那种看到正义得以伸张之后的快乐有紧密联系,但更有泛滥趋势,因为他人的虚荣和自负,和其大多数性格缺陷一样,会被旁观者看得一清二楚。

大家都说,丹麦作家阿克塞尔·桑德莫塞(Aksel Sandemose)是个非常不讨喜的人,他敲他的出版商的竹杠,遗弃了他的妻子和孩子,还有可能杀过一个人。目前,他的著作中只有出版于1933年的小说《一个逃亡者的足迹》(*A Fugitive Crosses His Tracks*)里的一页内容广为流传。这本小说虚构了一个叫作詹代(Jante)的小镇,那里与桑德莫塞童年时待过的北日德兰半岛的那个小镇很像。小说在丹麦人中间很有名,因为里面的"詹代法则"(Rule of Jante, Janteloven)细致描绘了他们国家对个人主义和雄心壮志心照不宣的蔑视:

不要以为你很特殊。

不要以为你和我们一样善良。不要以为你比我们聪明。

不要想你比我们优秀。

不要认为你比我们懂得多。不要认为你比我们更重要。不要以为你很能干。

不要取笑我们。

不要以为有人在乎你。

不要以为你能教导我们什么。[58]

这样想的并不只有丹麦人。在不同时代，不同地方，对于打破这些潜规则的人，人们都会带着轻蔑暗暗笑话。尤其是在跳舞这方面。卡斯蒂廖内（Castiglione）的16世纪礼仪手册《朝臣之书》(*The Book of the Courtier*)就记载了一则逸事：宫廷派对上，一名士兵拒绝参与跳舞，因为他觉得自己是军人，理应不拘俗礼。一名女客开始嘲讽他装模作样地假清高；很快，"周围的人纷纷笑起来"，让这名士兵感觉受到了侮辱，十分丢面子。[59]在澳大利亚的一个本土社群——托雷斯海峡的岛民中，男人跳舞是公共生活的重点，而且他们的舞蹈动作都是严格编排好的。如果有人想借机炫耀或者为了玩出点花样给自己加动作会怎么样呢？那等着他的就是角落里诸位女士的嘲笑，这样令人备感挫败的场面很快就会让他回归正轨。[60]

理论上，在现代西方社会，我们已经摆脱了这种对个人天赋令人窒息的蔑视。我们难道不鼓励一个人有雄心壮志吗？我们难道不为意气风发的人加油鼓劲吗？然而，你不用多深入调查就会发现，像"詹代法则"这样的东西依然大行其道。2017年，照片墙上的一个网红在该平台上推广巴哈马群岛上要举行的一个奢华音乐节。据说这是世界上最昂贵的周末娱乐活动之一，人均消费30,000美元，组织者承诺这会是一场值得铭记一生的盛大活动。结果，很多乐队都没露脸，场地从白沙滩变成了一处建筑工地，供应的饮食就是些用塑料纸包装的三明治（没错，当天还下雨了）。围观网友对此自然幸灾乐祸。

说实话吧，我们就是喜欢在各种小方面灭掉他人威风，挫掉他人锐气。我的邻居买了辆漂亮的新车，就被我的另一个邻居揶揄了（"你看起来真像个网约车司机！"）。我的一个朋友无意间透露出她要去哈洛德百货商场吃早午餐，当时在场的其他朋友就纷纷发出夸张的嘲笑："哎呦喂！哎呦喂！"过分的炫耀不受欢迎，关于这一点我们都知道规矩：不该搬出名人的名字来抬高自己，不该拿自己孩子的成就自吹自擂，不该把大家的注意吸引到自己昂贵的新大衣上。事实上，我们肯定是知道这些规矩的，否则我们不会为提到这些要炫耀的事物绕那么大的弯子（比较：以看似谦虚的方式自夸）。

对那些自以为比其他人都高一等的人的厌恶也体现在我们心痒痒地希望看到专家出错这方面。1962年，迪卡唱片公司的管理层有眼无珠，万般轻蔑地以"吉他乐队已经过时了"为由拒绝了披头士乐队。1943年，国际商业机器公司（International Business Machines Corporation，IBM）前董事长托马斯·沃森（Thomas Watson）说过一句蠢话："我认为全球市场可能也就需要五台计算机。"1987年，一位女观众给BBC打了一个电话，说飓风要来了，结果天气预报员迈克尔·菲什（Michael Fish）在电话中不屑地笑着说："别担心，不会有飓风的。"结果三个世纪以来最大的风暴当天侵袭了英国。最喜欢谈论天气，也最讨厌权威的英国人至今仍在拿这事当笑话说。当我们想象以上例子中之后那些业内专家和大佬有多后悔做出那么草率的论断时，我们一定会特别乐呵。

大家都知道，有句话叫"行高于人，众必非之"，它反映了我们渴望看到杰出且技高一筹的人栽跟头。我们猜想，这句话隐含了世间的残酷真相，而历史验证了我们的猜想。这一观点源于古希腊历史学家希罗多德讲的一个故事。故事里，僭主佩里安德为了能够掌控科林斯城内难以驾驭的市民向邻国的僭主讨教。邻国国王什么都没说，只做了一件事：他穿过一片麦田，一言不发地将长得最高、最为饱满硕大的麦穗都摘了下来，毁掉了最好的一部分庄稼。(后来这则寓言将麦穗换成了罂粟花。)看到这一幕，佩里安德就明白了，他回去立即杀掉了城中所有有威望的显要人物，以便能毫无阻力地进行统治。

我们对成功者的厌恶是否也同样偏执和狂热呢？这当然是虚伪的，我们都为有一些小虚荣，为有想引人注意或成为焦点的时候而愧疚。然而，没有比等着看他人的蛋奶酥*表皮瘪掉更让人舒坦的了。也许我们这样仅仅是希望对自己感觉好一点，每一天都过得顺顺当当。无疑，在这种行为的背后，忌妒占了一部分比重，同时还有对

---

*　蛋奶酥是一种法式糕点，刚烤好时表面圆鼓，但是一出炉就会塌陷。——译注

屈居人下的不甘（下一章我们会了解更多）。当我们发现自己的这种感觉时，我们可能还会发现自己有点冷漠，和乔治·艾略特（George Eliot）的小说《阿莫斯·巴顿牧师的不幸遭遇》(*The Sad Fortunes of the Reverend Amos Barton*)中锱铢必较的海琪特夫人（Mrs Hackit）也没什么两样。那是一个特别刻薄、热爱八卦的妇人，"最喜欢在朋友自我感觉良好的时候泼冷水"[61]。说到这儿你也许会感觉有点羞愧了。

与我们的所有恶习一样，对那些行事张扬且外表鲜亮的成功者——"行高于人"的人的质疑是一种正常心理。进化心理学家有一个谨慎的推论，认为早期的社会依赖人与人的合作，势必曾经推崇平等主义，即便现实中这些社会并非一片祥和的乌托邦，而是依靠侵略与暴力运转。嘲笑和排斥那些专横跋扈或想方设法显得比其他人重要且功劳大的人，是让那些人承担起责任的方式。不管是在21世纪的伦敦、16世纪的威尼斯法院，还是托雷斯海峡的岛民群体中，奚落自负之人看起来有些残酷，但都是为了一个共同目标，避免冒犯者与那些将会保护他们的人关系疏远。这都是为了你好，我们可能会想。如果你想继续在我们这个群体里混,你就得遵守这些规则。

今天,我们可能会觉得自己困在了两股不同的冲动之间:一股是赞美个性与天资,另一股是谴责个性与天资。我们必须承认,后者会带给我们快乐。我们最终可能都会为自己暗自嘲笑自命不凡者出糗感到不适,但是在因为他人的不堪而感到微弱的优越感的同时,我们还希望,通过嘲笑他们的失败来将他们从自恋中拯救出来。

"好的幸灾乐祸"

....

"我认为幸灾乐祸也有好的。"哲学家约翰·波特曼（John Portmann）在他位于弗吉尼亚大学的办公室里告诉我。他用词十分精准；正如大家所想的那样，他是个热爱思考，考虑又极其周全的人。在我们这个幸灾乐祸的时代，我们都发现自己处于特殊的道德两难境地——经受不住幸灾乐祸的诱惑，却又耻于此。在他的书《当他人倒霉时》（*When Bad Things Happen to Other People*，2000）里，波特曼想为那些被这种不请自来的情绪困扰的人"驱散焦虑"。一个做学术的哲学家常常喜欢煽动大众情绪，让大众产生困惑，所以在我看来，波特曼慷慨得多，因为他想的是如何安慰大众。

"真的，我只是我所在背景下的产物。"他这样告诉我，"我成长于一个严厉的天主教家庭。在很多有宗教信仰的家庭中，当然也包括我家，每个人都要遵守某些规矩。如果无法遵守，你就会感到非常愧疚……我的母亲非常爱我，但是她说，我在成长期间特别傲慢，而傲慢就是一种罪。她似乎每每看到我失败或做了丢脸的事就感到开心，因为她认为，这是上帝在通过某种方式教导我。现如今，至少在美国，做母亲的和以往大为不同了……不管她们的孩子做什么，母亲都会夸孩子棒极了。我的母亲真的非常严厉……而且，嗯……"他迟疑了好久才继续说，"所以，我很小的时候就非常非常清楚一点，有时候你失败了会让其他人相当开心。"

他的声音渐渐低了下来。那次我们只交谈了几分钟，而就是这几分钟的对话让我由衷地感到悲哀。不过，对于约翰来说，这个故事并不是在讲他的童年有多惨，而是说他通过早期经历明白了，因他人的失败感到快乐有时候与渴望道德变革有关，这就是他信奉的"好的幸灾乐祸"。

约翰告诉我，他近期参观了位于巴黎东南部的一座宏伟壮观的巴洛克风格城堡——子爵城堡（Vaux le Vicomte）。城堡里作为历史重建的一部分的一张桌子上摆着17世纪诗人让·德·拉·封丹的寓言的早期版本。打开的那两页正巧是《狮子老了》("The Lion Becomes Old"）。故事里，狮子靠着他的强大力量雄霸整片丛林，对其他动物总是一副瞧不起的样子。所有动物都畏惧他、憎恶他。后来狮子上了年纪，"垂垂老矣，日渐消瘦/终日哀悼他拥有强大力量的日子/最后受到了他手下的攻击"[62]。动物们将将死的它团团围住，又是踢，又是咬，还不住地嘲笑它。在我们现代人听来，这一幕分外残酷。

现在人们的幸灾乐祸劲儿与寓言中的情形真的有很大不同吗？杰弗里·阿彻（Jeffrey Archer）被爆出丑闻和玛莎·斯图尔特（Martha Stewart）惹上官司的时候，新闻记者们一窝蜂地拥过来，踩在他们身上，和寓言中动物围着狮子撕咬有什么区别？让·德·拉·封丹的这则警世寓言的重点并不是如何报复罪人，而是让我们感觉卑微的那个人被打趴下的时候我们感到的快乐。想象一下：学校里有一个孩子天生聪慧，学问做得好，人缘也好，颇有运动细胞，而且非常自信；后来，他上了牛津大学或哈佛大学，让你感到与他相比自己特别渺小，后来很长一段时间里这个别人家的孩子都过得顺风顺水；但是，几年后，你听说他的人生走了下坡路，现在他失业了，或者染上了毒瘾，要不然就是搬回老家住了。你对此是什么感觉？

"人生就是起起伏伏的。"约翰说，"周围的人看到你失掉尖牙利爪、没了力气的样子，肯定免不了会感觉开心，再想到曾经被你威胁的日子，就会感到快乐。"

在约翰从小接受的基督教传统中，关于幸灾乐祸的争议非常大。《旧约·箴言篇》（24:17）中说："你仇敌跌倒，你不要欢喜；他倾倒，你心不要快乐。"然而，基督教的艺术和文学作品里满是享受罪人受苦的场景。耶罗尼米斯·博斯（Hieronymus Bosch）的画作《最后的审判》（*The Last Judgement*）描绘了酒鬼被逼着饮下大桶大桶的葡萄酒，魔鬼挥舞着带有尖刺的可怕刑具，整个画面毫不羞耻地传递出为此兴奋愉悦的情绪。皈依基督教的德尔图良（Tertullian）生活在公元2世纪或3世纪，他想到审判日到来时他之前的朋友们会遭遇什么就兴奋得发抖：异教徒诗人"被羞耻淹没……就好像被火焰吞噬一般！";圆形竞技场里的演员们会比以前叫得更大声；摔跤手不再在体育馆中，而是"在火浪中"跳跃翻腾。[63] 在人世间，人们可能不接受幸灾乐祸；但是在死后的世界里，人们便脱去了伪装。

博斯和德尔图良的"幸灾乐祸"涉及伸张正义、惩奸除恶——让有罪的人得到应有的惩罚（反正他们已经下了地狱，也没有得到救赎的可能了），但是《圣经》也提到了另一种幸灾乐祸：享受对方经受可能导致转变的痛苦。《旧约·以西结书》（33:11）中，耶和华说："我指着我的永生起誓，我断不喜悦恶人死亡，惟喜悦恶人转离所行的道而活。"公开羞辱一直是宗教戒律的一部分。拜占庭隐士常常对哈哈大笑和开玩笑这些行为嗤之以鼻，认为那都是欲念和残酷的标志（毕竟在《圣经》里基督徒从来没有大笑过）。阿托斯圣山的圣徒阿桑纳西奥斯生活在公元10世纪，他曾遇到一个蛮横无理的修道士，为此他鼓励兄弟们对他进行群嘲。在早期现代基督教欧洲，仪式化的公开羞辱包括禁食、鞭笞和绕着教堂游行，旨在让违反规则者感到羞愧难当，希望他们能更加敬畏上帝，同时也给他人树立反面示例。往近的说，19世纪中期，亚伯拉罕·林肯颁布法令，规定每年的4月30日为"国家耻辱日"，美国人要在这一天斋戒。他说，这么做是因为美国人"沉醉于接连的胜利……太自负……太骄傲了"。[64]

现在流行反省自己的失败，并把这些失败归结为成功路上的必然经历。为失败而庆祝是"公开羞辱"在现代社会的呈现——只不过既然是由自己掌控话语，这种"公开羞辱"少了些"羞辱"，多了些"谦逊"。类似的故事会给我们带来非常振奋的感觉。举个例子，J.K.罗琳谈到过，她以前是个单亲妈妈，没有工作，没有钱，是"我知道的最彻底的失败者"[65]，但这样的处境对她的人生非常重要——就是因为这样，她才能投入她真正在乎的事情努力拼搏。也许这种"失败有益"的直觉和我们对惊喜与反转的喜爱一样，都是我们喜欢看优兔上出糗视频背后的原因。就拿我最近特别喜欢的一个视频的主角为例吧。视频中有一个胖乎乎、超可爱的小孩，也就是刚会走路的年纪，他对面坐着一只毛茸茸的小猫。小孩向猫伸出手，正当我们都以为他要去抚摸猫的时候，小孩照着猫鼻子打了一拳。猫立刻跳起来给了小孩一爪子。小孩受到惊吓，歪倒在一边，大声哭了起来。如果你觉得这个视频有趣，那么事实上你可能是在庆祝这个孩子学会了人生中重要的一课，从此他会变得更加谦逊、谨慎。

当然了，我们必须小心。当着别人的面告诉他们，恋爱中被甩可以"让他们的性格变得更有韧性"，或者失去一份工作没关系，它"会助你化茧成蝶"最能刺伤人。这些话暗含批评，暗示他们有缺陷需要改正，这样一来就好比在伤口上撒盐了。没错，"好的幸灾乐祸"确实含有傲慢。可说到享受那些委屈过我们的人经历救赎的痛楚，这里还包含着自欺欺人。

幻想报应

·······

◆ 你想象着带着你英俊多金的新演员/模特男友出席你前任男友的订婚派对。

◆ 你那个完美无瑕的好朋友总是对你穿的宽松套头外衣上的污渍大惊小怪,但你想象她也有了孩子之后一定看起来比你还邋遢。

◆ 发明了慢跑运动的那个人最后被迫承认,慢跑会让人早死。

× ♡ ×

在马丁·斯科塞斯导演的电影《喜剧之王》(*The King of Comedy*,1983)中,喜欢做白日梦的男主角鲁帕特·帕伯金想象自己是一名登上《杰瑞·朗福德秀》的超级喜剧明星。节目组安排了一个神秘嘉宾——他的老校长！这名高中校长拘谨甚至是满怀敬意地向明星走过去。帕伯金成功装作没有认出自己的校长（记住，这些都是帕伯金自己的想象），但是校长特别坚持。他想代表那些曾经以为帕伯金不会有任何成就的人，在整个国家面前亲自向帕伯金道歉，求得他的原谅，然后感谢他为每个人的生活带来了意义。

当说到那些委屈过自己的人时，大多数人都暗暗想看到——或者至少想象一下——那个人意识到他错了的时刻：他的脸上会浮现出迷惑、恐惧、懊悔混合在一起的表情，十分扭曲。事实上，因为我们知道这种时刻有多重要，所以我们常常为其他人献上这样的体验。我们大多数人都会在意识到自己犯了错时主动发出信号，向他人道歉。若是我们自己绊了一跤，都会小声嘀咕一句，怪自己不小心；若是在图书馆我们的手机铃声大作，我们肯定会向周围坐着的人点头哈腰，表示歉意；当我们在车中犯错时，我们会双手捂着脑袋，做羞愧状。

这些不显眼的行为都是认罪的表现，表明我们心里已经很难受了,不应该再受到什么惩罚了。若是人们面对自己的失败表现得厚颜无耻,情况就更复杂了。真人秀节目上,当一名选手从评委那儿得到一个特别差劲的分数时,他表面上会装作不在乎,甚至会暗指评委不知道自己在说什么。这时,我们作为观众就会撇撇嘴,露出讥讽的笑容,这就是我们施加在这名选手身上的微妙的折磨,在西班牙语中叫"vergüenza ajena",意思是"同情的羞辱",但是如果那个选手知道分数后顿时变得垂头丧气,嘴唇微微颤抖呢?那我们的反应几乎是可以预料的,我们肯定会想:哎呀呀,这名选手表现得也不是很差嘛。

如果我们无法亲眼见到以前让我们感到痛苦自卑的那个人挫败或遭到批评,没有看到他意识到自己错误的严重性,那么我们就会顺理成章地去想象这些。在《笑到最后》(Who's Laughing Now)这首歌中,婕西(Jessie J)就讲了那些曾经恶意戏弄、欺负她的同学现在看到她有钱了,又出了名,还住在明星云集的洛杉矶,纷纷要和她做朋友。休·汤森(Sue Townsend)笔下的著名人物艾德里安·莫尔(Adrian Mole)年仅十三四岁,爱写日记，是最善于幻想报应的大师之一。他沉湎于自己精心设计的场景，在这些画面中，那些曾经看不起他的人纷纷意识到自己的错误。地理老师看到艾德里安长大后成了著名知识分子，心中万分惭愧；潘朵拉看到现在的艾德里安有着性感的小麦色皮肤，学富五车，而且刚刚环球旅行归来，意识到自己错失了嫁给他的机会，每晚哭着入眠；学校里欺负人的小霸王巴里·肯特最后锒铛入狱，后来他读到了艾德里安的博士论文——论文写的是和小个子少年相比，大块头少年更为蠢笨，顿时为自己动不动就哭鼻子自惭形秽。

我们想象着他们的痛苦和羞耻，同时想：也许他们下次不会再那么傲慢了。不过认真想想，在我们这份得意的边缘潜伏着恐惧。因为我们大家心里都清楚，对别人的因果报应幸灾乐祸最有可能让我们也陷入这一因果轮回中。

在A. A. 米尔恩（A. A. Milne）创作的《小熊维尼》的一则故事中，在一个夏日的午后，兔子瑞比、小熊维尼和小猪皮杰坐在维尼家的门前，聊着他们这个小社区新搬来的邻居——性格活泼、劲头十足的跳跳虎。"事实上，"当维尼从他的白日梦里醒来后，瑞比说，"跳跳虎最近太能跳了,我们得给他上一课……真是受不了,哪儿都有他。"[66]瑞比想了一个计划:他们把跳跳虎带到森林深处,再把他甩掉,然后第二天早上再去救他。

"为什么?"维尼问。

"因为到时候他就是一只谦逊的跳跳虎、伤心的跳跳虎、忧郁的跳跳虎、感到渺小并满心懊悔的跳跳虎、满嘴都是'噢,瑞比,我见到你们太高兴了'的跳跳虎了。所以要……如果我们能让跳跳虎感到自己渺小和伤心,哪怕只有五分钟,我们也算做了件好事。"

我们都能猜到故事的结局:兔子瑞比迷路了,感到自己无比渺小,满心懊悔。而无所畏惧的跳跳虎非常有风度地把兔子救了出来。

SCHADENFREUDE

要让其他人都失败

·······

◆ 单位里新来的同事特别亮眼，结果有人发现他在偷偷看老年人性爱视频。

◆ 我们的新室友总是给我们讲他摇滚范儿十足的生活方式，让我们感觉自己的生活特别没劲，结果我们听说他喝下 4 品脱的酒就会哇哇大吐。

◆ 小的时候，我哥哥养成了一个特别招人烦的习惯——喜欢把一根火柴棍放在嘴里，用牙咬着，想问题时让火柴棍轻轻晃动。有时候为了强调什么事情，他甚至会把火柴棍从嘴里拿出来，用它指着我。后来，有一次，他不小心将火柴棍吞了进去,妈妈只好带他去看医生。

× ♡ ×

有一次,我去采访作家兼精神治疗师菲利帕·佩里(Philippa Perry)。到了她家,我正好碰上她的电脑闹故障,结果她刚为自己的新书写的6000字不见了。尽管如此,她依然大方地表示不必取消采访。我能看得出来,其实她愁得脑门上都添了几道皱纹。她给我倒好茶,然后认真地看着我问:"那么,现在你因为我的倒霉事感到开心吗?"我大笑:"绝对没有!"同时,我很肯定她猜对了(如果说有什么其他的,也只是让我开始担心自己的电脑出故障,所以也不完全是移情)。

不过,后来我惊讶地发现,我在这次采访中非常放松,甚至可以说很自信。也许菲利帕是个能很快让人放松的专家,不过,有没有可能是她遭遇的危机让我感到不同寻常的镇定和自制?

我们开始喝茶。她说:"我们归属于某个团队或家庭,这是件特别美好的事,我们就像天上的椋鸟一样并肩而行……但是人类又和椋鸟群不一样。当我们像拔河一样往不同的方向努力时，你赢了，对方就必输给了你，这感觉一定很好。"

"为什么呢？"我问。

"因为爱啊。"她耸耸肩，就好像这个答案显而易见一样。

"有一次，我和我爸爸、我女儿一起在我的乡间小屋附近散步。"她告诉我，"那是一座比较偏僻的简陋小屋……我的女儿当时才六七岁。她和她的朋友常常一起出去野餐、冒险。那次散步，我在路边看到了我买的饮料盒子和餐巾纸，旁边还有零散的粪便……'这是怎么回事？'我指着那些包装纸问她。'对不起，我忘了清理垃圾了。'我女儿说。于是，我们开始收拾。

"当时我并没有觉得这件事给我带来了什么喜悦。可我父亲跟我说：'咱们家小孩真是诚实的好孩子，就那么直接承认了。'这时候我依然不觉得有什么。很快他又说：'不像你的外甥女，她们有时候犯了错不肯认的。'他说的是我妹妹的孩子。听了这话我非常开心，美得几乎飘了起来，这种喜悦心情是他刚才单纯夸我女儿诚实的时候没有的，但当他拿她与我的'竞争对手'——妹妹的孩子做比较时……

"然后我就想：'这是怎么回事？'对于这种奇妙的情绪反差我的感觉不太好。我们就是在这样的环境中长大的——总是会被父母拿来比较。他们总是评价说我们谁好，谁不好。

"当我父亲拿我和我妹妹做比较时，我感觉……得到了力量。我觉得'自己将得到部落的王冠'。这样的想法真是荒唐。"

竞争者

·······

◆ 放学后,你那个万人迷、体育天才哥哥被老师留校了。

◆ 或者他求了父母一整年才得到的价格昂贵的新耳机丢了。

◆ 或者在家里吃午餐的时候,你的父母提到你哥哥的孩子有多可爱,但是听起来他们的意思绝对是你哥哥的孩子比你的孩子更可爱。然后你哥哥的孩子突然哭了,脸上糊了一片巧克力,并尖叫起来:"奶奶是个浑蛋!"

我们很难指出，我们的竞争意识到底是在哪一刻觉醒的。前一秒你还和你的兄弟姐妹和睦友好地聊天，下一秒一则消息就成了导火索，让你产生了好胜心，想比过他，或者让你心里七上八下，生怕落了下风。怪不得在这种时刻我们都很高兴把别人的失败看成自己的成功，并且暗暗松一口气。

对菲利帕·佩里而言，竞争意识源于我们最早的家庭关系和对爱最深切的需要。我们的生存环境危机四伏。拿我们的祖先为例，父母认可与否或许就意味着一个孩子是否能活下来。就连在舒适的现代西方家庭中，尽管家里有足够的资源供孩子们使用，我们依然发自内心地觉得，父母的爱和认可是值得拼抢的，不过这种拼抢往往不会放在明面上，而且耻于为他人所知。

这种厌恶感可以追溯到19世纪的最后几十年，那时候"同胞争宠（sibling rivalry）"这一用语第一次出现。在那之前，紧张不快的手足关系被视为非正常家庭关系，不是普遍存在的，而一类新兴医学专业人员——儿童心理学家则认为，儿童永远在争抢资源和注意力。但是人们认为，长期处于竞争关系的儿童会成长为不擅长合作、"难以相处"且低自尊的成年人("低自尊"是当时另一个流行概念),所以中产阶级父母被要求加以警惕,将关注与赞美平等地分给每一个孩子。同时,我们还教育孩子不要张扬得意。心理学家费利克斯·阿德勒(Felix Adler)在他1893年出版的《儿童道德教育》(*Moral Instruction of Children*)中就说了:"不要因为你哥哥做了坏事就扬扬自得,也不要嘲讽他的失败。"[67](或者可以理解为我听着更熟悉的一句话:"小丫头,你别笑人家了。")当然了,我们都会长大,可就算在看起来和谐无比的成年兄弟姐妹关系中,偶尔也会发生暗地里较劲的情况,而且若是竞争对象走了背运,我们还会感到一丝窃喜,就像菲利帕说的,我们会感到自己像"部落的国王",或者至少感觉自己不像以前那样糟糕。艾瑞斯·梅铎(Iris Murdoch)就非常清楚这种感觉。在她的小说《断头》(*A Severed Head*)中,主人公马丁·林奇-吉本(Martin Lynch-Gibbon)想象将妻子离开自己的消息分享给同样离婚了的妹妹,他觉得妹妹一定会"按照惯例摆出悲伤感慨的样子",但是在这种表象之下,她心中一定"涌动着她尚未察觉的和世界和谐相处的美好感觉"。[68]

然而，我们产生这种感觉并不一定是因为父母总拿我们做比较。这种感觉被放大是因为我们生活在一个所有人都不可避免拿别人衡量自己的世界里，而且有时候只有在某人在竞争中输掉的情况下我们才会认为自己还算成功。

要让其他人都失败

......

传统智慧告诉我们,要审视内心,不要在意其他人做什么,要专注于耕耘自己的心田。但我们大多数人都会发现,自己在细细研究他人看起来无比成功的人生,琢磨着自己的生活与之相比是否落了下风。多数人认可成吉思汗、戈尔·维达尔和其他一些人的行为,对"光我成功是不够的,我还要其他人都失败"这类训诫会露出会心的微笑。这诚然有悖于道德。那么当我们拿自己的成就去和别人的失败做对比的时候,满足感果真会强烈得多吗?菲利帕和我一起进行了一项实验。

菲利帕负责一本英国杂志上每月的"知心姐姐"专栏,开导来信的读者。她特别喜欢这份工作。据她所知,

这份工作没有其他候选人,于是我们假设我也申请了这份工作来体验一下这是一种什么感觉:

> 菲利帕:我觉得《红杂志》上应该开辟一个"知心姐姐"专栏,所以向他们建议由我来负责。
>
> 我:是吗?我也有同样的想法,所以也向他们申请了。
>
> 菲利帕:后来呢?
>
> 我:我给他们写了信,然后约了顿午餐。后来,我还写了一篇样稿寄过去,结果没再听到回音。接着我发了好几封电子邮件,事情越来越尴尬,所以……我觉得他们可能打消了开辟那个专栏的念头。
>
> 菲利帕:他们没有打消念头,而是把专栏交给了我。
>
> 我:这样啊。

"噢,真是太棒了!"菲利帕拍着手大喊,并大笑。"我感觉棒极了!之前我只是简单地认为自己得到了这份工作,也没有其他人想做它,现在我确实感觉好多了。

我们再来一次吧!"这一次,我们假装她也追过我老公迈克尔:

> 菲利帕:天哪,你知道吗,我曾经喜欢过迈克尔。
> 我:什么?
> 菲利帕:他实在太性感了。我给他发出了很多暗示,但是……
> 我:但是什么?
> 菲利帕:我猜他对我没兴趣吧。
> 我:你知道吗,其实迈克尔和我在一起了。事实上,我们都结婚了。

她说的没错,这感觉棒极了。"你对我有一丝一毫愧疚的感觉吗?"菲利帕问。"没有!"我发现自己在喊,还兴奋地咯咯笑了起来。我也希望再来一遍这样的对话。

"这就是人性可怕的一面啊!"菲利帕说,"我们俩还是非常好的人呢,和其他人可不一样。"

问题来了:我们该如何衡量自身的价值?很多研究表明,如果我们身边都是比我们稍差一点的人,我们的幸福感最强烈。在一项研究中,心理学家问:"你希望他人的孩子比你的孩子好看还是难看?"大多数人都说,如果他人的孩子不如自己的孩子好看,他们会更开心。"即便你的孩子已经很丑了,你也是这么想吗?""是的。"他们回答道。[69]

对于他们这样回答,我并不感到多吃惊。没完没了地企图与人比较成就、财富或地位可能看起来特别没意思,但是从亚里士多德到卢梭,从孟德斯鸠到波伏娃,凡是写过人类心理方面内容的哲学家都强调过,生活在成员间互相依赖的小集体中,人不可避免地要争权夺利。看到在同一件事上自己成功了而别人却失败了,我们会顿时感觉志得意满,这是必然的。

我将笔记本收起来,开始戴帽子、手套。菲利帕承认,她开始为自己刚才承认的那些"幸灾乐祸"感到有点不舒服了。"我觉得自己太差劲了。当我回想这一天的时候,我会想:现在那个人会怎么看我呢?""我感觉自己的内心戏暴露太多了。"我表示同意。我还记得,我和别人的所有关于幸灾乐祸的对话最后结束时,他们都说感到有些难堪,或者他们会要求我千万别泄露出去。有一次，我和我的编辑为了写这本书交换我们的故事，他甚至建议我们先做好严格的保密规定再开始："幸灾乐祸俱乐部"规则第一条……

无疑，我们会担心暴露那个真实的不怎么讨喜的自己，也怕面对我们可能并不"非常善良"这个可耻的事实。也许我们会产生越界的感觉，其中掺杂着兴奋和害怕。当然了，担心暴露自己的同时，我们还会担心冒犯别人或者破坏保我们安全、助我们幸存的信任关系。我们被羞耻心以及更好的判断困住了。那么，我们该怎么做呢？

"我们该做的就是留意这种情绪，学会识别它，"菲利帕说，"承认它，甚至向他人坦白自己有这种感觉。当我们感到自己心里产生一丝幸灾乐祸时，我们需要明白：'我正在做的就是以他人失去安全感为代价，让自己拥有更多的安全感。我不要做这种事。尽管这样做是自然的，但是一旦我们意识到这意味着什么，我们就可以避免它。我们不需要做这样的事，谁都不需要。这样做不会给我们带来更多的爱，也不会让我们更有吸引力。'"

我同意她的看法，决心按她说的做，学着和他人将这个话题聊开（《后记：交战法则》中就写了关于如何聊开这个话题她给出的建议）。她是对的，我想。幸灾乐祸只是一个廉价的让自己感觉良好的方式。就算它没有伤害到别人，也有可能让我们感觉自己有点卑鄙。

我时常想起她的话："这样做不会给我们带来更多的爱，也不会让我们更有吸引力。"

采访结束后，我回到家，打开我的电脑。我发现电子邮箱中有一篇文章说，幸灾乐祸既可以让我们更有吸引力，又能给我们带来更多的爱。

怎样才能开心生活并提高自尊

·······

◆ 你过去的朋友在一家唱片公司成功得到了你做梦都想得到的工作,并在脸书上炫耀个不停,结果后来那家公司破产了。

◆ 你有一个特别自恋的同事,他因为自己的博客变得小有名气,受邀去一家特别豪华的书店演讲,结果后来书店取消了演讲活动,因为根本没人买票。

◆ 你刚刚经历了一次特别糟糕的约会,然后你读到了一则新闻:一个女人和在火苗(Tinder)[*]上认识的男网友约会。吃完饭,他们来到男网

---

[*] 一款基于用户地理位置的交友软件。——编注

友的家中。她去上洗手间，但是非常倒霉的是，她拉的屎冲不下去。她一时情急竟然想把屎扔出窗外，可是她没发现洗手间安的是双层玻璃，于是那坨屎被卡在了两层玻璃的空隙中。她只好爬上去解决问题，但是也被卡住了。后来男网友只好让消防员来救她。

× ♡ ×

有这样一个简单的假设：看到性吸引力竞争对手遭遇失败可以提高我们对自身性吸引力的认知。[79]有一组学生在实验中被安排读关于他们的平辈人遭遇倒霉事的小故事——比如有人考试作弊被当场抓住，或者理发的时候剪了一个难看的发型等。女生读到另一个女生在外貌方面遇到了倒霉事（比如长胖了、长斑了）时，她们表示，自己幸灾乐祸的程度比看到她遭遇别的挫折（比如论文成绩非常差劲）时更高。男生看到另一个男生在"状态（status）"方面遇到倒霉事（比如错过了一场考试、在研讨会上给出了一个很蠢的答案）时，他们表示，自己幸灾乐祸的程度比看到他长胖了时更高。最后，研究者得出结论,至少在大学生中,当直接性吸引力竞争对手在与按惯例和自身的性吸引力相关的方面遇到倒霉事时,他们感受到的幸灾乐祸程度最高。

这个令人沮丧的发现让心理学家推导出一个更有趣的可能:幸灾乐祸可能是适应行为演变而来的,目的是帮助我们寻找配偶。幸灾乐祸的意义不仅在于将几个长着粉刺的劣质货挤出求偶的道路,保住我们的胜利果实,还在于它能给我们一点助推力——潜在竞争对手的失策会让我们感觉相比之下自己更性感。而当我们在吸引力方面给自己打高分的时候,我们就会不可避免地感觉更自信,也更愿意提起精神、满怀热情地去进行调情、邀请对方约会等一系列麻烦的求偶活动。谁不愿意和这样殷勤的追求者上床呢?

看到其他人的缺点有益于我们的心理健康这个想法并不新鲜。在第二次世界大战期间,一名叫塞缪尔·A.斯托弗(Samuel A. Stouffer)的社会学家在研究军队的士气这一课题时注意到,驻扎在美国南部各州的非裔美国士兵比北部的感觉更快乐、更满足,尽管20世纪40年代的美国南方依然实行种族隔离政策。鉴于他们所处的客观环境没什么不同,斯托弗意识到,这些黑人士兵是通过比较来评价他们的生活质量的。驻扎在南方的黑人士兵拿自己和当地非裔美国居民相比较,后者的生活无疑是非常艰辛的,因而士兵感觉自己更幸运。而驻扎在北方的黑人士兵感觉,和其他当地黑人居民相比而言,自己的处境更苦,因为那些人更自由。斯托弗将他的发现称为"相对剥夺感(relative deprivation theory)",结论是,处于相对被剥夺状态的人事实上比实际被剥夺的人更痛苦[71](或者按照马克思的说法,"一座房子可大可小,只要它周围的房子都与它大小相仿,居住者就会感觉这座房子满足了他的所有居住需求。但若是在这座小房子旁边建起一座宏伟的宫殿,这座小房子就立刻缩水成了一间小茅屋"[72])。

20世纪80年代,心理学家汤姆·威尔斯(Tom Wills)赋予了相对剥夺感这个概念新的内涵。他假设人们可以——而且常常通过拿自己与不如他们幸运的人做比较来提高自己的自尊。威尔斯注意到,可采用多种策略达到这样的效果。[73]其一就是暗自在心中贬低某人来鼓舞自己:也许他们确实挣得比我多,但我的工作比他们的更有意义。其二是故意当面破坏他的成就感：祝贺你加薪！过了一会儿：你知道去年你们公司解雇了多少人吗？最常见的技巧是抓住每一个机会去听他人比你还惨的经历：哦，他被开除了？太可怕了……是因为什么？世上总是有人被困境中的人所吸引，或者有人喜欢打听邻居最近碰上了什么倒霉事。现在，这种行为有了一个名字——向下的社会比较（downward social comparison）：通过与比你处境差的人做比较来提高自尊感。

社交媒体展示出毫无瑕疵、带着滤镜的画面以及关于令人兴奋的派对生活无穷无尽的趣闻逸事，使我们对自己的感觉越发糟糕，因而被大众批判。不过，人们很少提到一点，那就是社交媒体通过让我们与那些处境比我们差的人进行比较（有时候是在我们最脆弱的时刻）提供了很多提高自我评价的机会。

威尔斯发表他的理论一年后，另一名社会心理学家谢莉·E.泰勒（Shelley E. Taylor）发表了她和她的团队针对癌症患者的一项长期研究的成果。泰勒发现，在他们采访期间，患者常常会自发地拿自己与想象中其他情况更糟糕的人做比较。[74]想象一下没有家人帮你。或者想象一下不得不跋涉几英里*才能到医院。这样的想象比较需要付出巨大的努力和创造力,同时也告诉泰勒,这些想象都属于"精神医疗箱"的一部分,可以供人们帮助自己对付最可怕的威胁。想象可以让我们产生对现状的感激:情况本来会更糟的……(或者像我们小时候常听到的,想想非洲那些吃不上饭的孩子吧)。这让我们想起第二章讨论的卢克莱修的理论:"知道你免受了哪些不幸会让你高兴。"区别在于,泰勒采访的患者是用想象力来创造出比他们处境更糟糕的人。

最近一项关于人们使用健康留言板的调查为我们展示了更复杂的局面。比你处境糟糕的人可以起到宽慰作用,但也可能激发焦虑,而我们对自己生活的掌控感似乎是一个重要因素。[75]威尔斯认为,自尊心较弱的人更容易被他人遭难的故事所吸引,因为他们更需要精神鼓励,但是最近的调查显示,或许自信的人才最能够从他人的难题中获取力量,因为他们常常认为,他们对自己的生活有更强的掌控力,因此,他们觉得自己从某种程度上来说理所应当

---

* 1 英里 =1.609344 千米。——编注

运气更好。相反，平日里没什么自信的人感觉对自己的生活缺乏控制力，因此在看到比自己境况更糟糕的人之后，可能会认为他们最后也会走上同一条路（尤其是那个不幸的人的情况让这些人有强烈的带入感的话）。

显然，我们通过各式各样复杂的方式面对他人的坏消息，但事实上，有时我们会从听说他人陷入危机这样的消息中得益这一点已经不是秘密了。其实我们甚至经常利用这个规律，主动交代我们自己的悲惨经历，以便让陌生人感觉好受些。

我的"屎样人生"

·······

◆ 前男友在网上发了一张婚礼照片,我本想把新娘的脸放大好好看看,结果不小心把我的名字标签放在了新娘脸上。

◆ 我在公车上睡着了,醒来之后,有个孩子大喊:"爸爸!那个流口水的阿姨醒了!"

◆ 我在酒吧间里醉醺醺地与人搭讪,结果那人最后咳嗽了两声,礼貌地告诉我,我裤子后面露出半截厕纸。

× ♡ ×

有一个说法,当人们处于低谷期的时候,他们需要有人来逗他们开心，或者分散他们的注意力。这是一个深深的误会。对付这种情况的良药是去听一些发生在别人身上的好笑的糟糕事，这样一对比，我们的难题看起来就是小打小闹了。

2008年，法国三个程序员建了一个叫作"屎样人生"的网站（viedemerde.fr），但是英文站的名字变成了"我那被干翻的生活"（fmylife.com）。一时间，各国都建起了类似的网站。网站邀请访问者晒出他们生活中的糟糕事，越糟越好。于是故事蜂拥而至，从小糗事（无人转发，只好自己转发自己）到大糗事（有人坐公交时，身边的老奶奶靠在他肩膀上打瞌睡，最后他发现这位老奶奶其实是死了），无所不包。读者则投票选出他们认为货真价实最倒霉的网友。

当时在全球经济倒退、伊拉克战火连绵这样的背景下，这个网站抓住了人们愤懑、消极的心态。面对全球的天灾人祸，网站让人们得以将内心压抑的青春期躁动和愤世嫉俗，混着对时代的轻度牢骚发泄出来。后来，人们开始批评这个网站鼓励网友自我打击，消耗这个本就不满情绪高涨的时代的能量，促成一种消极被动、带有受迫害情结的文化。这样的评价似乎有些刻薄。比起让人们互相忌妒，我更喜欢这种方式：在该网站上投稿的网友没有通过炫耀自己激起他人的忌妒，而是以牺牲自己为代价，让其他网友在幸灾乐祸中感到宽慰——他们晒出的那些糗事几乎一定会让看到的人对他自己的生活感到更加满意。

我们就常常主动把自己的失败经历拿出来博大家一笑。想象一下，当我们加入一支新运动队，或者去一家新公司——大多数人都会开一些自嘲的玩笑，以便顺利融入新环境，同时希望这些玩笑能让我们看起来不那么有威胁性。面临大难时的幽默需要你把自己的痛苦放在人前，供人嘲笑，这是让你和你的观众都好受的方式。21世纪前十年的后半期，南非德班成立了一个旨在鼓励艾滋病人的唱诗班。当时，艾滋病令人色变，关于这种病的笑话全是有损人格的。于是，唱诗班的成员转换笑话的方向，使其变成艾滋病病友对彼此症状的调侃——比赛看谁的症状更严重，并嘲笑情况最严重的一方。[76]主动让人们来笑话我们的痛苦可以算一种掌控痛苦的方式——另外，如第一章中关于捧腹大笑和滑稽剧的研究所示，这样做恐怕还能提高我们的容忍度。

更有，在全世界许多传统医疗实践中，嘲笑痛苦依然起着核心的作用。人类学家劳拉·舍伯格（Laura Scherberger）曾经与圭亚那北鲁普努尼的马库西人一起生活。有一次她在和村子里的女人们踢足球的时候伤到了膝盖，有人建议她去看当地的巫医马格努斯（Magnus）。她疼痛不堪地穿过大草原，去拜访马格努斯和他那被大家称为"老奶奶"的妻子。到了之后，她发现这二人与他们的诸多亲戚挤在一座光线昏暗的小房子里生活，房子四周是郁郁葱葱的热带雨林。马格努斯向劳拉解释，现在她的疼痛与她的膝盖开心地结婚了，只有劝它们分开才能解除劳拉的痛苦。于是，马格努斯开始举行他的祛痛仪式，"老奶奶"则从吊床上坐起来，开始辱骂、嘲笑疼痛；包括小孩在内的其他人也参与进来，咯咯地大笑起来（一方面是在嘲笑疼痛，一方面是因为"老奶奶"的衣服不知怎么从身上掉下来了）。在仪式的最后，马格努斯问劳拉膝盖是否感觉好些了，劳拉惊喜地发现她的疼痛的确减轻了。"

我们大多数人都没机会见识巫医的仪式，但我们都知道的是，当我们感觉难过时，若有信得过的朋友贴心地哄一哄我们，我们的心里就会舒服很多。在朋友需要的时候，我们大多数人为了让朋友不再那么伤心难过，都愿意讲出自己不堪回首的往事。这样的时刻体现出什么是安慰、什么是伟大的友谊，体现出两个人对人生之苦有着共同的理解，体现出哪怕是为了暂时地减轻朋友的痛苦，你都愿意付出努力。这样的时刻提醒我们，世间看似完美之物其实都有缺憾，就算是看起来各方面都优秀的人，也免不了有有失体面的时候，比如说不合时宜地放了一个屁，或者邀请参加生日派对的人一个都没来。其他人也会有脆弱、难堪甚至伤心绝望的时候，知道这一点很重要。世上人人都会失败，并非只有我们会。

SCHADENFREUDE

最讨厌朋友比我强

· · · · · · ·

◆ 一个朋友花了 5 美元买了一瓶"生水",然后落座后没多久,水就全洒到她的裤子上了。

◆ 或者这个朋友说只有懦夫才遵守停车规则,结果她的车因为乱停被拖车拖走了。

◆ 或者当她边走边发短信,笑得花枝乱颤的时候,撞上了一棵树。

◆ 或者她买了一款新手机,没完没了地炫耀手机上那点高级的技术,然后突然播出一条新闻说,她买的那款手机有爆炸的风险。

◆ 或者她将她和她的新男友甜蜜地躺在秋日森林的地上的照片发在所有社交网站上,可是就在他们俩的脑袋上方几英寸*的地方，我看到了一坨屎。

× ♡ ×

他隔着餐桌探身凑近我，烛火闪烁，映在空空的葡萄酒瓶上。"我只清楚一件事，而且是很清楚，那就是我讨厌我的朋友比我强。"

我大笑起来，略做停顿后又尴尬地笑了几声。此刻我们正在我丈夫的校友家吃晚餐。这位校友是个非常成功的律师，他的人生与我们的非常不同。一起吃饭的还有我丈夫的另一个朋友，他喝到微醺，正好还能继续和我们谈天说地。他冲着餐桌比画了一圈："我爱我的朋友们，真的，但要是我发现他们的孩子成绩比我的孩子好，或者他们挣钱比我多，再或者他们住在……"说着他扫了一眼抛光的水泥地面和典雅大气的窗户，"他们开的是豪车，不知怎么的，竟然还有时间锻炼身体，甚至没有秃顶的迹象。曾几何时，我们都在一条起跑线上。有时

---

* 1英寸=2.54厘米。——编注

候我还比他们强,比如说我论文的分数比他们高,我还是我们这群人里第一个有女朋友的。我还记着他们的生日,曾经为他们举办单身派对,但是转眼间,他们就超过了我。"他抬起一只手,理了一下头发。我强忍着不去看那层头发有多稀薄。"我真讨厌他们混得那么成功。同时我又为自己这样想感到羞愧,特别羞愧。"不走运的是,这个节骨眼儿上,整张桌子上的人都陷入了沉默。"什么?她在写一本关于幸灾乐祸的书啊?"我发现他喉咙上泛起一片潮红,似乎是激动了。"我永远永远不会在你们中的任何一个人遭难时感觉开心。"

我们会在痛苦的惊讶中或者觉得自己可能会赢时幸灾乐祸,看到有人罪有应得或自以为是者遇到不幸时幸灾乐祸,还会对兄弟姐妹甚至陌生人的遭遇感到幸灾乐祸,但是很少有什么能像我们混得最风生水起的朋友突遭变故这样带来如此强烈,同时引发罪恶感和舒适感的幸灾乐祸。

法国作家蒙田(Montaigne)说过,真正的友谊罕见而纯粹。美国思想家爱默生(Ralph Waldo Emerson)则认为,真正的友谊基于真正的和睦相处(sympatico),需要"灵魂合二为一"[78]。朋友应该既与我们分享胜利的快乐，也能分担不幸带来的苦楚，但是人人都知道，事情并不总是这样。也许你会因为自己站在安慰别人的位置上而感到骄傲；也许你会因为别人选择趴在我们肩膀上哭而多少有些扬扬自得；也许你很享受把自己想象成一个在危机中闪着真善美之光的大英雄。我们知道，沾沾自喜可以与同情怜悯共存，但是并非人人如此。18世纪的哲学家亚当·斯密一想到他那些所谓的朋友可能并非全然同情他的遭遇就义愤填膺，他发誓："如果你们对我的不幸没有半分同情，或者对让我分心伤神的遭遇无法感同身受……那我们就没法交谈下去了。"[79]我忍不住想，要是斯密知道了真相，他可能会变成孤家寡人，没有一个朋友了。

很难想象，当一个人遇到人生重大变故（比如亲人或朋友病逝、千头万绪的离婚、孩子身缠恶疾）时，他亲近的朋友会产生幸灾乐祸的情绪。不过，当一个朋友在炫耀的过程中出了岔子时，我们大多数人都会在某种程度上体验到掺杂着一丝内疚的、淡淡的愉悦。你朋友家新装修的卫生间陈设豪华、味道清新，顿时让你产生了自卑的感觉,但是你发现里面摆着一瓶朋友老公用的针对多汗人群设计的特别除臭剂。或者你的朋友坚持要给你展示他们新买的搅拌机——拥有高达3.0的马力、五档变速、不含双酚A的触摸板界面和设有背光灯的LCD屏,能做出完美的鱼汤,结果演示的时候他们没把盖子盖好。再比如,你朋友的新车发出吓人的轰鸣声,或者他的套头羊绒衫被飞蛾当成点心,再或者他表现得特别酷,带着孩子去参加音乐节("没什么!""会很好玩的!"),结果灰头土脸地回来了,就好像参加了索姆河战役一样。又或者他花了无数精力喂养的那只像暴君一样的猫死活不肯跳上他的膝头,而是选择跟你亲近。所有这些无伤大雅的糗事都会让你心情大好。

当然了,当然了,你想要朋友家的卫生间、搅拌机、车、羊绒衫和那只猫。是啊,你也想成为那种带着孩子去音乐节的人。我们忌妒他人拥有我们想要的东西或者有权拥有的生活(如亚里士多德所说的"忌妒让陶工憎恶陶工")。强烈的幸灾乐祸就是对他们拥有而我们缺少的一切暂时的补偿,会让我们心里愉快很多。

17世纪的法国贵族弗朗索瓦·德·拉罗什富科

（François de La Rochefoucauld）以尖酸刻薄、诙谐幽默著称，大家都说他能粉碎一切妄想。他就很清楚我们上面说的都是真的。他说过，朋友的失望沮丧并不难应对，难以忍受的是他们胜利时的得意扬扬，因此"在我们最好的朋友处于困境时，我们总能找到一些让我们开心的事"。[80]

当我核实拉罗什富科的这句话时，我发现他的这句至理名言在他在世时出版的《箴言集》（Maxims）再版中找不到了。虽然他以直白坦率闻名，但显然他也担心自己的朋友读到这句话后与他绝交。真是个懦夫！

查完资料，我停下来，火速给肯塔基大学的一名心理学家理查德·H.史密斯（Richard H.Smith）发了一封邮件。我读过他关于政治和幸灾乐祸的文章（在最后一章中我们将探讨此内容）。我在邮件中坦言："每当我告诉朋友们我在写什么时，他们一开始的反应都是大笑。然后，在我给他们详细解释具体写的是什么的时候，他们的脸色就难看起来。"

"是啊，没错。"他在回复我的邮件中说，"这样的事我也经历过。"

关注与比较

∙∙∙∙∙∙∙

◆ 一个朋友坚持说煮米饭很简单,结果做出一锅黏糊糊、乱糟糟的玩意儿。

◆ 你那个爱炫耀的室友说了很久她要在电视上露脸的事,结果被优兔上的网红西施犬抢走了机会。

◆ 脸书上的一个朋友宣称他和女友正在尝试开放式的关系,还扬扬自得地暗示自己永远不会吃醋,因为他个性解放,同时情感上也很成熟。结果一周后,你发现他们俩分手了,因为他女朋友发现他翻她的手机。

× ♡ ×

也许一段友谊最艰难的时刻就是两个人的生活方式分岔的时候。比如上大学时和你一起做过女服务员，为了买包烟向你借过钱的同学，现在拿着六位数的月薪，住在汉普斯特德*；或者你还在第一家雇用你的公司靠微薄的月薪维持生计，还是单身，还会在某个星期日的早晨从宿醉中醒来，而你最好的朋友已经领养了三个孩子，搬到了环境宜人的乡下居住，时不时跑一场马拉松，平时通过在Skype上做人生导师来赚钱。

这些成功难免会给你带来复杂的感觉：你担心自己掉队或者不够上进；你怨恨他们毫不费力就能获得这一切；你还害怕自己无法融入他们滋润的新生活，所以若是他们没有及时回复你的信息，或者约好了一起喝酒却临时爽约，你就会多想。你觉得自己不如别人的同时，还觉得不公平——凭什么他们能过上富裕的生活而你却过成这样；这种感觉仿佛一束光，让幸灾乐祸这棵小树苗迎着它生长。

怪不得我们要寻找平衡——也许就是用他们碰到的不顺修正脆弱且摇摇欲坠的自我形象。就像《伊索寓言》

---

* 伦敦三大最高端的住宅区之一，与威斯敏斯特、肯辛顿-切尔西区齐名。——译注

中的那只狐狸——它发现自己够不到看起来十分美味的葡萄，便说葡萄太酸，肯定难以下咽，我们也会对自己说，朋友一定为他的成功付出了可怕的代价，所以说到底那也算不上成功，然后再把注意力放到那位朋友新近的倒霉事上。也许，你的朋友获得了一次飞跃式的升职，你仔细琢磨了一下，然后心想：天啊，他看上去快要累垮了，这次升职肯定伤了他的元气。或者我们会来那一套，你肯定清楚：假设你和一个比你混得好太多的朋友出去一晚，之后在回家的车上，你肯定会在心中一一列出他的生活其实也没那么好的原因。"他住的房子太大了，感觉一点人情味都没有。"或者"我知道他赚得多，但是他要花在工作上的时间也太多了！而且我可不能接受每天去另一座城市上班"。或者"如果我像他那么有钱，肯定不会把钱花在（车/衣服/电视）上头"。

你就这样靠着给朋友光鲜亮丽的生活弄点污渍上去来让自己心里好过点，此时你心里并没有你想的那么羞愧。眼下这个时代，人们很容易将自己的生活过滤之后放在网上展示，所以看到他们出丑可能是唯一将他们当成普通人来看的机会。英语中的"envy"（忌妒）一词源于拉丁语中的

"invidia"（其意思是"看待"），指的是想要其他人的东西、品质或成就。这种情绪以他人的光鲜为源，也为其所迷惑而忽略了表面之下复杂的现实。忌妒会放大他人的成功，使我们的成就在比较之下显得微不足道。在莎士比亚的戏剧《恺撒大帝》(*Julius Caesar*) 中，卡西乌斯的忌妒带来了灾难性的后果。恺撒曾是他的童年好友，二人起点相仿，但之后恺撒成了罗马最有权力的人。在卡西乌斯眼里，恺撒仿佛天神一般，自己在他面前渺小又可悲："他像一个巨人似的驾驭着这狭小的世界；我们这些渺小的凡人一个个在他巨大的双腿下行走，四处张望着，替自己寻找可耻的坟墓。"[81]

我们都有过这样的经历：我们傻乎乎地浏览着朋友名为"我的冒险"的影集，看到里面一张又一张的自拍——在泳池边喝鸡尾酒，登上白雪皑皑的高山，在寺院中做瑜伽，再想到自己的圣诞节不过又是坐在莫琳姑妈的长沙发上吃烤吐司罢了，顿时觉得自己很可悲，而幸灾乐祸的闪念恰好可以中和你的忌妒，所以请一定要在忌妒转变成敌意和恶意之前牢牢抓住它。但有一种情况最需要幸灾乐祸作为补偿，那就是像自虐狂一样怀着矛盾的心情和名人做朋友时。

名人出丑超开心

·······

- ◆ 一名少年感十足的魅力男星被人发现在好莱坞日落大道上招妓为他口交。
- ◆ 一名好莱坞猛男影星在水中展示各种绝技,结果访谈主持人说:"可是那儿写着禁止游泳!"
- ◆ 一名踩着恨天高的超模在T型台上摔倒了。

× ♡ ×

当我读名人访谈时,总会冒出一个闪念:这位好莱坞一线女星可能会成为我的朋友。采访名人的新闻记者就有这个便利。我们常常能读到一些"坦诚"的细节:苗条的模特厌恶运动健身，喜欢舔食奥利奥饼干的夹心；著名女星接送孩子上学的路上一团糟。这些让我心里极度舒适，感觉我和这些明星都是一样的。可是接下来，我又读到，他们在巴哈马买豪宅，身穿华伦天奴礼服去参加奥斯卡颁奖典礼，于是我们之间暂时缩小的差距转眼就急剧扩大，让人头晕目眩。

人们总为名流富豪的生活着迷，尤其是他们的逾矩之事。16世纪到19世纪之间，英国街头和酒馆非常流行"小报民谣"（broadside ballads），其大多是讲述关于凶杀和因果报应的小故事，道尽命运的无常。其中最流行的一个故事叫《四玛丽》（*The Fower Maries* 或 *Four Marys*），讲的是一位贵族小姐——苏格兰女王玛丽一世侍女的故事。这个侍女和国王有一段风流韵事，怀了国王的孩子，但她后来杀掉了刚出生的婴儿，出发去参加一个聚会。于是，她很快就被押上绞刑台，处以绞刑。这个故事可能是杜撰的，但是如果你了解历史，可能会找到很多疑似这个故事来源的史实。1751年，意大利的一名作家兼业余演员马奎斯·弗朗切斯科·阿尔波盖蒂·卡帕切利（Marquis Francesco Albergati Capacelli）

的妻子称她的丈夫阳痿以宣告他们的婚姻无效。现在我们还能找到该案在离婚法庭上的庭审记录，当时那可是引发了许多人不怀好意的讥笑。义愤填膺的卡帕切利传唤他的男仆做证，男仆证实说："我曾经有三四次看到马奎斯从床上下来时是勃起的。"[82]

人们渴望看到高高在上的人摔下来，从而获得一些优越感，这样的事也许由来已久，但是现代社会的名人在这方面形成了新的路数。明星们的婚姻失败、吸毒成瘾和酒后驾驶被《我们周刊》(*Us Weekly*)、流行八卦网(*Popbitch*)和每日邮报网站(*MailOnline*)这些媒体讽刺嘲笑，同时被大众疯狂议论和猜测，这种对待名人的态度很好地体现了我们这个幸灾乐祸时代的不堪。某明星在餐厅点错汤，面露愠色。某明星疑似患癌，后证实是虚惊一场，但因发现男友和闺密偷情，伤心过度而出了车祸。这些新闻标题仿佛是游园会的入场券。到底是什么促使人们喜欢看名人陷入此等危机呢？

看朋友出丑有助于我们看到他们的成功后找回心理平衡，而围观明星的痛处起到的作用不只是让我们自我麻醉，不去在意相对而言自己的容貌和才华都不出众这一事实那么简单；它还起到了惩罚作用。现代名人不同于过去的贵族，很少一生下来就享有巨大的特权和影响力。我们感觉，在成名之前，他们可能一度与我们一样（或者要不是我们星运不同，我们也有机会成为今天的他们）。一方面，我们喜欢从乞丐到富豪这样的故事，喜欢把名人想成"不过是曼彻斯特来的再普通不过的人"，渴求与他们拉近距离；另一方面，我们恨自己拿他们当偶像崇拜，同时暗地等待他们的高位与尊荣岌岌可危并最终倾覆，场面闹得越大越好。

也许是某明星被人拍下喝醉后在路边激动地发表种族主义演讲，或者某明星被怀疑和与她参演同一部剧的另一明星的丈夫有染。而有时候，我们怀疑，他们的某些行为只是为了得到更多的关注——比如说，敢于执某种政治观点。我们急切地对他们发的每一条有错字的推文发起攻击，也不放过他们对伊比利亚、利比里亚（没准儿是伊维萨）局势的一头雾水——也许他们根本记不住它们的名字。我们乐意读到他们光鲜生活背后的不堪细节，不仅是因为我们想把这些名人当成普通人来看，还因为我们希望看到他们压根儿配不上他们当前的名气和地位。

这类幸灾乐祸的部分乐趣在于看着他们走上自毁之路，看这些"行高于人"的人是怎样一步步把路走窄了的，最后将他们得到如今的名气所凭借的聪明才智白白浪费掉。小甜甜布兰妮的粉丝看到她在麦当劳外面摔倒的照片后心理受到了创伤，因为照片中的她剃了个光头，睫毛膏晕染到脸颊上，脏兮兮的，实在难看，但是我们其余的人呢？我们可能心里乐开了花，就好像她的精神崩溃证明了，她在短暂而辉煌的全球流行巨星生涯中德不配位。

我们最开心的幸灾乐祸时刻则是那些"徒有虚名"者给予的。我还记得综艺节目《老大哥》（*Big Brother*）最初几集的内容，那时节目设置还相对简单：节目看上去好像一个扭曲的心理实验。后来出现了"卑鄙的尼克"（Nasty Nick）。他撒谎，控制别人，还自吹自擂。他说自己曾经在地方自卫队里服役三年，于是制作人在花园里设置了一个军事野战训练场，让大家组队完成任务。住在房子里的所有人都成功通过了攀吊架环节，只有尼克失败了——他费劲地撑了一会儿就掉下来了。

"卑鄙的尼克"告诉各大电视制作公司，其实人们就是想看其他人怎样费尽心机地说谎、耍手腕，最后被戳穿。他们发现，让收视率突破天际的其实是一个个渴望名气的怪胎，然后学习利用这些怪胎的幸灾乐祸。当然了，爱上幸灾乐祸的并不只有电视制作人员，节目选手也学会了玩这个游戏，争相通过出丑成为媒体的焦点。想想戴安娜王妃的前管家保罗·伯勒尔（Paul Burrell）吧。他在真人秀节目《我是名人，快让我离开这儿》（*I'm a Celebrity Get Me Out of Here*）中故意表现得神经兮兮，想借此掀起波澜，可结果只是显得很蠢。在出糗视频中，任何一点设计痕迹都会招致观众的反感：我们只想看视频里的人真的对他们将要遇到的倒霉事毫无意识。

生活中很少有像名人八卦这样赤裸裸地利用别人的幸灾乐祸换取经济收益的。它们常常需要提供关于一夜成名或一夜暴富、耍大牌以及丢脸出丑等的大起大落的故事来博人眼球，以赚取财富。我们知道，它们操纵、侵扰甚至恐吓那些被他们跟踪拍摄的明星，可当我们听说某个明星整容手术失败时，还是会忽略心中的道德之声，忍不住去一探究竟。在1957年的电影《成功的滋味》（*Sweet Smell of Success*）中，纽约专栏作家汉塞克就对肮脏庸俗的名人公关法尔科怒吼,说他"充满蔑视和恶意……总是写那些虚伪恶心的丑闻……简直是国家的耻辱!*"。[83]

但有一点大家要注意:你可能会嘲笑某个名人做了丢面子的事,也许还觉得这种嘲笑能削弱他的力量。你可能甚至会想:"啊,这下他完了。"你甚至还会有种模糊的想法,认为是你让他失业了,因为名人付账单的钱都仰仗着这世上最善变的东西,即"公众的认可"。但这只是你一厢情愿的想法而已。名人和他们的公关完全知道如何驾驭幸灾乐祸的风浪,总会按照自己的需求掀起风浪、平息风浪或者调整风浪的方向。长着一张娃娃脸的电视主持人酩酊大醉,或者某男演员在舞台上动作很娘,却没有因此满怀羞愧地退出公众视野(如果他们这样做了,我们可能也不会感觉很好)。最后,他们杀了回来,抓着纸巾,讲述自己的近况,坦承内心的愧疚,并且变着花样道歉。我们可能觉得,幸灾乐祸是我们的力量,而真相是,名人偷走了这份力量,转而用它来对付我们,

---

* 在电影中,这些话其实是追求汉塞克妹妹的爵士乐手史蒂夫对汉塞克说的,此处疑为作者笔误。——译注

对于我们先前的那一丁点儿优越感,人家只回了一个轻轻的吻。所以,我们可能会始终在想一个问题:幸灾乐祸真的能改变什么吗?

SCHADENFREUDE

"坏"老板都没有好下场

·······

◆ 公司的德克兰宣称自己信仰佛教,但是有一次他因为搞不明白复印机如何操作而大发脾气。

◆ 财务部门的蒂姆不记得怎样做长除法了。

◆ 萨米拉打起字来像是跟键盘有仇,就连你跟她说话时她都噼里啪啦地敲个不停。你看了一眼她的电脑屏幕,发现她打出来的是一堆乱七八糟的字母。

◆ 每当本的电话响起来时,他都避开不接,而让你假装是他,帮他接听电话。这一次也一样。结果这通电话是来告诉他性病检查结果的。

◆ 露西在办公室养了一只仓鼠,跟人说这是她的"精神支柱鼠",结果有一天她被这只仓鼠咬了。

×♡×

我们挨个儿走进四楼的会议室。屋里光线昏暗,但没人去把顶灯打开。承办这次"非正式午餐会"的人已经到了,他们端着浅盘,盘子里放着看起来可怜兮兮的三明治和几片水果。我的朋友马克剥开三明治的玻璃纸,自顾自地吃起来,然后我们也学他自己动手去拿吃的。看到有免费的东西可吃,我们有点忘乎所以。从会议室的窗户望出去,可以看到城市东部的大部分,最新的高层建筑正在施工,起重机上红灯闪烁,天上飘过淡紫色云彩,还有一架飞机飞过。人们开始闲聊:圣诞快乐?暖气开得太足了。我们都在等待。

我们大学的副校长要来"见"我们。这是"非正式"的见面。系主任已经(通过电子邮件)告诉过我们(从邮件中就能看出他得意扬扬的劲头),这次有整整半个小时的接见时间,这是史无前例的。有人见过我们的这位新老板吗?每个人的神情都很紧张。大家纷纷耸肩,表示没见过。不过，年长一些的人已经开始看他们的电子日历了，就好像这对他们的时间是一种巨大的浪费。年纪较轻的一些人则表现得更热心，他们都好好梳了头发，穿上了时髦的裤子，就好像如果能在这次见面会上给副校长留下好印象，未来他们就铁定能走进高级管理层一样。其余的人——包括我在内——则在心里直犯嘀咕，怀疑这次接见我们的人压根儿不管什么事。怀疑这一切是我们的道德责任。

餐饮工作人员这次端上来的是一壶热咖啡和卖相好看的小饼干。与此同时，副校长也到了，后面跟着我们的主任，他看起来一副焦头烂额、卑躬屈膝的样子。马克转过身来看着我，扬起一边细长的眉毛，略微歪了歪头。我看过去，观察了片刻才明白他要我看什么，然后露出了笑容。原来，我们副校长的一只鞋的鞋底上粘着一小块厕纸。

理想的员工

......

有些同事是我们的同谋者和盟友：他们知道我们生活中最重要的细节，比如我们去看牙的时间，我们为什么买不到一双合适的鞋子，我们最好笑的笑话里的金句。还有些同事是和我们分享八卦的伙伴、格子间里的专家。还有一些同事是我们在电梯间里遇到时会打招呼的点头之交。还有一些同事让人气恼，他们喜欢掏耳屎，或者喜欢在桌子上把马克杯堆在一起，特别招人烦，要不就是每当你提到他们办公桌附近的垃圾桶中传出的怪味道时，不知为什么就摆出防御的姿态。

除了这些，办公室里永远有一个同事——至少一个——是你的死敌。他总是挡在你升职加薪的路上，随便开个不怎么高级的玩笑就能把老板逗笑,每每我们拿自己的事业和他的相比时,都忍不住翻白眼。他的成功让我们胃里不舒服,见到他就会产生"逃或战"的压力反应(就好像我们有能力打败他一样)。所以,当这类人在职场上出现失误时,比如记错了老板家孩子的名字,在人力资源部门的露西背后嘲笑她的唇须时被别人听到了,我们就会暗爽。他们走下坡路了,就轮到我们升迁了。

如果你看电视广告,你可能会相信,今天的职场中形成了充满信任和相互尊重的生态系统。员工们(常常被描绘为知识型员工——软件工程师、设计师、建筑师或者学者,虽然最后一项不太可能)个个思想开放,热情开朗,富有生产力。他们敢于承担责任,也能很好地完成工作,和同事与老板建立起开放且愉快的工作关系,而他们的同事和老板也会公平地评价他们每个人的贡献。过去施虐狂一样的经理对手下的员工采取的分而治之策略、上级对下级的习惯性羞辱以及无休止的暗自攀比,都随着时代一去不复返了。现代工作环境鼓励团队协作而非暴君独裁,追求民主文明而非冷嘲热讽,倡导劳逸结合而非压榨员工的霸王做派。在这样的职场中,犯错只是"学习的机会"：承认错误，继续前进。

事实上，职场是供幸灾乐祸生根发芽并茁壮成长的一片沃土。有时候，大环境会明确地引导我们培养这种情绪。大家都见过这种情形：一家公司里西装革履的员工兴高采烈地击掌庆祝。这说明什么呢？每张欢乐的笑脸背后都是丢了合同的另一家公司。这时候应该就"打败竞争对手"这种事进行一番道德劝诫吗？面对对方的利润下滑，我们除了欢呼庆祝还能做什么呢？学者们对大学排名表的普遍厌恶已成为今日英国高等教育界的一大特点，但当与我们的学校不相上下的那所大学在排行榜上的名次下滑的消息传来时，无论我们学校的名次是否有所上升，我们在走廊上遇到的时候都会为此点头微笑。再说到大学校队比赛。对方赛队的失误仿佛是一道裂缝，我们拼尽全力也要挤进去，那种喜悦并非为了我们个人，更多是为了我们整个集体（关于这一点，下一章中有更多介绍）。

当然了，在大多数公司里，幸灾乐祸都十分隐秘，并且只有在疑心我们可能遭到了排挤，或者有人非要压别人一头的时候，这种情绪才会悄然产生。一个同事提了一条极端的新建议——站着开会，结果被坚决地驳回了。见到她拼了命地想把我们比下去，结果却碰了一鼻子灰，我们都在心中暗笑。一个特别注重健康生活的同事大声鼓励你应该去外面吃午饭，让你在人前很没面子（其实你不想外出，只想窝在电脑前）。后来有一次他在上班路上被瓢泼大雨浇了，不得不穿着办公室里备的运动服去参加董事会；而你，带着前所未有的热情迅速到达会议室，充满期待地等着看他跟董事长解释他为何以这一"非传统造型"参会。

有些公司故意让员工们彼此对立，用"胜者为王"这一规则促使员工为了奖金激烈竞争，或者给每个人定下月度目标，以此激励员工更加努力高效地工作。在这样的环境中，嘲笑一个没有达成目标的同事可以被视为开一个友好的无恶意玩笑，是一种缓解情绪的方式；同时大家也明白，风水轮流转，今天我承受的或许就是明天你承受的。不过，即便在竞争不太明显的工作环境中，也有这种同事：曾经与你的位置不相上下（你可能还略占他上风），但是不知怎么的（到底使了什么手段？），他能和对的人搭上话甚至调情，能去对的咖啡厅，和老板喝调配完全一样的咖啡，能在对的时刻出现在电梯里，开对的玩笑，竟然还能想方设法穿上和老板新买的同一个牌子的鞋（你怀疑这其中有什么猫腻，在想是不是他在老板的卧室里装摄像头了）。最后，他在公司里出了名，变得越来越让人无法忍受：买了新自行车，午餐都去餐厅吃，还开始慢跑了。几个月后，我们发现他把工作搞得一团糟，被老板叫到了办公室。办公室的门关着，百叶窗也放了下来，我们只好伸长脖子听老板生气地训斥他。之后，我们看到他灰头土脸地走出来。后来，我们欣喜地发现他变得安静、低调了。这个一半正义一半雪耻的幸福结局让我们纷纷祝贺自己走上了缓慢（这是真的）却平稳的上升之路。

不过，对我们大多数人来说，工作兼具竞争性与合作性，这实在令人尴尬。我们的同事既是我们的朋友，也是我们的威胁。前一秒领导还劝告我们要协作、分享，下一秒我们就发现他们在评估、比较我们。这令我们不知道是该在同事通往成功的路上给予支持和帮助，还是袖手旁观，暗地里希望他们的工作不要那么顺利，因为他们下来了，我们才可能上去。我们和同事的关系多少有点像童年时背着父母的淘气打闹。当着父母的面我们都表现出和兄弟姐妹们的相处十分和谐，可实际上，为了当孩子头而打成一锅粥的情形，马基雅维利见了都要脸红。

　　同事争取奖金失败时，我们可能会感到自己像是被判了缓刑，顿时松了口气；或者在年终考评中同事的成绩比其他人以为的差很多时，我们会有种被无罪释放的感觉。我们尽可能小心地掩盖这种情绪，但最终发现这是正当的。也许之后会感到自己有点卑鄙，心里不太舒服，还想着是不是就到此为止了。然而，当老板出丑时，我们的庆祝更直接。

坏老板没有好下场

……

◆ 老板让大家打扮得精神一些,却没意识到她自己的套头外衣穿反了。

◆ 公司组织员工去海边玩,总经理跳到冰冷刺骨的大海中游泳,还暗示我们其余这些不敢和他一起游的人都是懦夫,结果他抽筋了。

◆ 新上任的首席执行官夸张地将他办公室的门板卸了下来,大肆宣扬"沟通,沟通,沟通"。结果,健康与安全部门让他把门安回去。

× ♡ ×

老板讲笑话时,我们哈哈大笑;老板换了新发型,我们全力恭维；老板给我们讲什么重要的事情时，我们站得笔直，做好倾听状。我们用"建议"的方式来为反对意见措辞，当我们再次被排到星期六晚上轮班时，我们用微笑掩饰内心的恼火。是啊，我们这些打工族都是可怜虫，所以我们才喜欢时不时看到老板出糗。罗伯特·I.萨顿（Robert I. Sutton）是一名组织心理学家，也是斯坦福大学的教授，还是畅销书《无浑蛋法则》（*The No Asshole Rule*）和《在浑蛋手下当差的生存指南》（*The Asshole Survival Guide*）的作者。鲍勃*热情而慷慨，而且非常有趣。此外，在"可怕的老板"（或者采用鲍勃喜欢用的词——"浑蛋"）这个问题上，他可能是这个世界上最能信得过的人。每天鲍勃打开邮箱时都会看到三四封来自陌生人的邮件，其抱怨他们自负的经理、心胸狭隘的主管以及喜欢溜须拍马之徒的首席执行官，并且觉得鲍勃书中的法则不适用于他们的情况。有些确实是浑蛋老板，他们脾气火暴，甚至会拍桌子、摔椅子、辱骂、威胁员工，有时还会贬损员工的人格。还有的老板阴险，

---

* "罗伯特"的昵称。——译注

露出轻蔑的笑或者故意摆出冷漠的样子来让我们在他们面前抬不起头来。不过，鲍勃最喜欢讲因果报应故事的邮件。

"令你真正感到幸灾乐祸的，"他咯咯笑着说，"莫过于你听说一个浑蛋受到了教训。"一家知名度极高的航空公司解雇了信息技术部的一个浑蛋："来信的女读者说，他走了之后大家都感觉特别开心。后来，这个人在竞争对手的公司找了份差事，但那个公司口碑不好，工作环境相当差劲。"还有更妙的。有一个电台节目制作人，她的老板总是偷她办公桌上的零食吃，于是她做了掺泻药的巧克力放在桌上，等老板吃了许多之后才告诉他。还有一个首席执行官因为种族偏见欺凌下属被开除了，相关报道登上了《纽约时报》，她的名声就此坏掉。还有，某企业律师的秘书不小心将一些番茄酱溅到了她老板的裤子上，结果他不依不饶地让她赔4英镑的干洗费，就连在她忙着处理母亲的后事和葬礼期间都不忘记通过电子邮件提醒她。最后，她把老板的这些邮件发到了网上，他丢了面子，只好辞职。[84]"有关打倒浑蛋的故事里最棒的情节是你终于摆脱了这些浑蛋，并且他们还通过其他方式受到了教训。"

尽管鲍勃在书中畅想了什么是好的工作环境,他也充分讨论了幸灾乐祸的相关内容。鲍勃喜欢一遍又一遍地提醒我们,摊上坏老板的话就应该选择不理睬策略,采取"创意性回避"或者请病假,要不然就辞职,让他承受昂贵的人员流失。这些教训非常令人满意:浑蛋老板的行为最终伤害的是他们自己的生意、产业和事业。

这些故事唤起了我内心的正义感,或者说对因果报应的意识(虽然有的故事听起来有点像都市传说,比如泻药巧克力那个故事)。除此之外,这些故事还让我感受到同志情谊,就像我读高明的"骗子"动用智慧战胜高高在上的压迫者的故事时,心中会充满勇气一样。从蜘蛛神安纳西到阿兹特克神话中调皮的歌舞之神Huehuecóytl,再到《杰克与魔豆》(*Jack and the Beanstalk*)中的杰克,很多文化传统中都有这样智慧过人的人物。比如说足智多谋的布雷尔兔(Br'er Rabbit),它就骗过了给它设陷阱的狐狸。"求你了,狐狸,别把我扔到荆棘丛里。"兔子恳求道。狐狸当然巴不得让兔子尝点苦头,于是把它扔了进去。结果兔子得偿所愿,利用那里的条件成功脱身了。与这些机智脱险的故事类似,"打倒浑蛋老板"的故事也让我们心潮澎湃,让我们感觉自己和故事里的人物一样聪明又勇敢。这种自信既是幸灾乐祸的好处,也是它带来的潜在风险。

弱者的积怨

·······

◆ 把你整得生不如死的浑蛋前领导给你所在的新公司发了求职简历，而你作为负责回她邮件的人，告诉她没能进入面试。

◆ 你公寓大楼的清洁工举报你在楼顶吸烟，结果有一次他在地下室留下的烟头引起了火灾。

◆ 你以前的老师曾经因为你不懂分数当着全班同学的面刻薄地羞辱你，后来大家发现他学历造假。

× ♡ ×

德国哲学家尼采的《论道德的谱系》(*The Genealogy*

of Morals）算得上最黑暗、最悲观的西方哲学作品之一了。时至今日，读了这本书的人都会觉得很不安，这不仅仅是因为尼采对女人、犹太信仰、黑人，尤其是对同性恋者抱有毫不遮掩的蔑视（如果告诉你尼采是希特勒最喜欢的哲学家，你一定不会惊讶）。如果说《论道德的谱系》里面有哪个观点流传至今，那就是尼采提到的一个被他称为"弱者的积怨"（ressentiment）的现象。这个现象也与幸灾乐祸有关系。

当我们受到伤害或贬低时，我们的自然反应就是反击，尼采说；但是他相信，当人们身体弱或害怕立即遭到报复，或他们对这个伤害或贬低他们的人有所依赖（比如说老板或父母）——总之当人们无论从先天还是后天的条件来说都无法自卫的时候，他们就会压抑怒火，使它变为一种深埋心底的敌意。于是，我们什么都不做，只是等待着，也许还以为自己能善良地原谅对方、容忍对方，甚至对我们仰仗的人保持忠诚，但实际上我们只会变得更加怨恨，想象着无法实现的复仇，同时抓住每一个机会获取片刻的心理满足。"他的灵魂在暗中窥视，"尼采在描写有积怨的弱者时说，"他的心灵热爱黑暗的角落、隐秘的小径和后门。"[85] 幸灾乐祸是一种阴险的策略，是"无能者的复仇"，传递出不冒风险的报复感。

在尼采的书里，幸灾乐祸与弱小和怯懦联系在一起，是一种难以解释、微不足道且卑劣的感觉，不会产生什么实际效果，也不具备什么力量。按照尼采所说，女人和其他天生的输家（犹太人、黑人和同性恋者）最容易产生幸灾乐祸的情绪，因为这些人最需要通过幸灾乐祸得到空虚的安慰和虚假的力量感。我们来看看伯蒂·伍斯特（Bertie Wooster）*的幸灾乐祸吧。资助他吃穿用度的姨妈阿加莎总是给他的生活带来威胁。她长着鹰钩鼻，对他的生活指指点点，对他软弱可欺的样子（喜欢傻笑，小谎不断，唯唯诺诺）也看不顺眼，动辄骂上两句。有一次，阿加莎姨妈指责酒店里的一个女服务员偷了她的珍珠首饰，结果后来在她卧室的抽屉里找到了那串珍珠。对此，伯蒂开心地说："我从没有比此时此刻更满足的时候，以后我可以将这件事讲给我的孙子孙女听……阿加莎姨妈在我面前丢了面子。"[86]

---

* 英国作家佩勒姆·格伦维尔·伍德霍斯创作的《万能管家吉福斯》系列小说中的主人公，是个蠢笨无能的贵族。——译注

伯蒂的得意或许看起来不错，但是终究没带来什么实在的好处。他和阿加莎姨妈之间的关系依然没有改变：伯蒂还要继续过天天祈祷姨妈不要来造访的日子，阿加莎姨妈则继续打压伯蒂。这只是某个永远被控制的人私下的得意，是一种虚假的优越感，W. H. 奥登（W. H. Auden）在他的诗中就精确地捕捉到这种感觉："锁眼背后的厨师的幸灾乐祸。"[87]

尼采认为幸灾乐祸是一种没什么实际用处的自欺情绪对吗？还是说现实中的情况比他想的还要糟糕？想想情景喜剧《办公室》（*The Office*）里文翰姆·霍格纸业公司的那些诚惶诚恐、愁眉苦脸的员工吧。这些人的老板大卫·布伦特没有为他们打拼的能力，难怪他们总是担心被裁，每日精神高度紧张，沮丧又恐惧。大卫对他手下的高管谎话连篇，喜欢自吹自擂，而且十分懒惰。他自负地认为，自己那毫无品位的玩笑能激励手下的员工（事实上他的幽默大多数时候会让员工感到恶心）。可毕竟他是老板，所以员工只能配合，在他出丑的时候只敢窃喜，但还是不自觉流露出对他的蔑视——经常在他背后露出嘲讽的微笑，翻白眼，拼命忍着不笑出声来，还时不时向摄像头瞟一眼；总之，他们是只敢在心中暗暗耻笑老板的受害者。大卫的失败最终毁了员工们，但这些员工看到他失败时，心情是愉快的。这种"你是老板又怎么样？我们打心眼里看不起你"的时刻让他们生出了优越感和掌控感，最后他们剩下的也只有这空虚的优越感和掌控感。

心灵安慰剂

·······

　　我们会遭受同样的命运吗？也许不会。鲍勃·萨顿了解关于我们让自己在工作上得到回报的一切秘密。为了补偿无偿加班给自己造成的损失，我们有时候会偷拿公司的便利贴。或者午餐时段后故意晚回到工位几分钟。这些事不足以让人发觉，但足以让我们感觉自己是英雄。尽管这些小伎俩可能让我们感觉重新掌握了自己的人生，发泄一下不满，打开电子数据表或给财务部门的比尔打电话时抵触情绪更少些，但都无法让讨厌的老板改变他的行为。那么幸灾乐祸能否让职场环境发生更有意义的改变呢？

　　如果我们走运，即便是最隐秘的幸灾乐祸也会留下痕迹；当老板感觉到人们在嘲笑她的时候，可能会调整她的行为（或者变得偏执、怀恨在心，所以这是有风险的）。而在电影里，我们发现，公然嘲笑一个紧张焦虑的新老板似乎是管用的。在南希·迈耶斯（Nancy Meyers）导演的《偷听女人心》（*What Women Want*）中，达西（海伦·亨特饰）是芝加哥的一家广告公司新来的女上司，她的男下属十分大男子主义，对她的广告创意不屑一顾。于是达西加倍努力，最终赢得了整个团队的尊重（不过这可能只是好莱坞一厢情愿的逻辑）。

更重要的一点是，在饮水机旁或卫生间里嘲笑老板的错误是员工之间联络感情的法宝。事实上，就是因为这一招太有效，不鼓励大家在公司团建旅行期间这样做都说不过去。这些八卦时刻可能最终会引导参与者进入更加富有成效的对话，比如：怎样温和地告知老板不要再打扰你吃午餐了，或者怎样算好时间回击老板，让他意识到自己的错误。

至少，幸灾乐祸能在我们被人踩在脚下工作了一整天之后为我们提供一点心理安慰——鲍勃称之为"心灵控制术"（mind trick）。还记得那个研究吗？人们看到情敌失败会感到自信有所提升——这也是一种幸灾乐祸——这也提高了他们求偶成功的概率。不管你的老板有多好，看到他不小心把自己锁在办公室外面，或者在展开新买的超贵的折叠车时把车拆散了，你都会觉得心中起了微妙的变化，获得了某种平衡。这种时刻似乎并不重要，不过，就像让我们在面试时想象面试官只穿着内裤来给自己减压一样，这样的想法可以恰到好处地给予我们向前迈步的勇气。我不好意思地跟鲍勃讲了我的副校长鞋底粘上厕纸的事。鲍勃大笑着告诉我，那不算什么："我在学校有一个同事，他所在的位置可以让我吃些苦头，而且他总是对我很过分。有一次，我看他的一场演讲——他是非常著名的学者——他的裤子拉链开了。看着这个裤子拉链开了的人做演讲，我都无法形容我当时有多乐呵。现在想想还是很开心。"鲍勃愉快地笑起来："我想让自己为此感到愧疚，可我就是没那种感觉。"

当然，这说起来有点荒唐，但是看见骑在你头上的人出丑对你来讲确实是光荣的反叛时刻，因为你不仅能看到他的自以为是、颐指气使受到捶打，还能看到他和我们想的一样软弱无力、容易犯错。通过出丑的同事和老板，我们体验到了鲁莽轻率的后果，感觉更加踏实和安全，同时看到了一个开始改变的世界。

SCHADENFREUDE

政客出丑与群体欢腾

┈┈┈┈┈┈

◆ 英国某国会议员被发现在开会时玩手机游戏《糖果传奇》(Candy Crush)。

◆ 一位前首相发起了"找回初心"反不端行为运动,结果他的整个内阁几乎都因为活动爆出的丑闻被迫辞职了。

◆ 参议院商务委员会主席解释说,互联网就是"一系列管子"。

◆ 巴拉克·奥巴马想在宾夕法尼亚州通过玩保龄球的方式讨好蓝领选民,结果他投出了好几个落沟球。后来他评价自己的表现,说自己"像个残疾人奥林匹克运动会上的选手",结果他又不得不为这种表述向公众致歉。特朗普总统登上了"空军一号",结果他的遮秃发型被一阵风吹得失去了遮秃功能。

× ♡ ×

美国大选后的早晨,我走在上班的路上,路过火车站时,我看到卖报刊和糖果的售货亭外面挤着一小群人。出于好奇,我也挤进去看。鉴于我们口袋里都有智能手机,眼前这一幕相当复古。一条新闻标题写着"一场激动人心的人性戏剧",还有一条写的是"顺势而为——共和党利用公众愤怒获胜"。在过去的十九个月里,这位即将就任的美国第四十五任总统嘲讽了他所在党派的要人,奚落了记者,说他们发布的是"假新闻",并因为对手的电子邮件受到联邦调查局的调查而乐开了花。当然了,当民主党看到共和党的垮台时,也免不了幸灾乐祸。他的每一次暴露自己的厌女症,每一条有拼写错误的推特,每一次自恋狂式的发飙,每一回露出秃顶,都会引发网友制作表情包的狂潮和推特点赞数和转发数的上升。

在这个政治分裂的时代,对另一方的惨败幸灾乐祸已经成了大家都十分熟悉的惯例。给我们一起性丑闻或者麦克疏漏事件、一次被迫辞职或公关失策，我们就能用才智和热忱让你眼花缭乱，我们的义愤也会在互联网上引起无限回响。我们因为政客的丑事产生的幸灾乐祸和看到名人一朝倾覆产生的兴奋感并无二致，并且同样与权力和地位的资格有关。说到政客，我们耻笑他们的缘由是他们因笨拙无能犯下种种大错，总是做出白痴行为，最要紧的是，他们在道德上十分虚伪——顶着一副伪善的面孔口是心非，表里不一；这样的人怎能对我们的生活指手画脚？

嘲笑政治机构的缺陷也不新鲜。1830年，17岁的安妮·查尔默斯（Anne Chalmers）参观下议院。她说自己进入在室内换气扇下方挤作一团的女人中间（当时不允许女人进入公众旁听席），这群女人只为听一听从议院中飘出来的一两句辩论，瞧上一眼发言者。其中两位女士"大笑到不能自已"："哦！我的老天爷！那双眼睛真迷人！""哎呀！真是可怕！我都能比他说得好。"[88]

讽刺在民主辩论中发挥作用已经有至少两千年的历史了。在许多政权下，政治笑话都有着相当重要的意义，起到了暗中批评和保持在野党活力的作用。加纳的阿坎人以敢于开大人物玩笑闻名,他们总是拿腐败的当地酋长开玩笑。[89]一个叫夸梅的年轻人被当地政府的腐败触怒了。苦于没有机会与贪污罪犯正面交涉,他决定自己掌握主动权。他在自己的车上喷了一条标语,内容可以简单翻译为:"有些元老真他妈的卑劣。"(可能比这更粗俗。)元老们召见夸梅进宫,命令他把那条标语去掉。他照做了,只不过又新写了一条:"和之前那句一样。"

有些人不理会政治喜剧的潜在破坏性,并将其视为安全阀,因为它能在激进和保守之间保持平衡,保持现状稳固。笑似乎会缓解怒气,从而平息采取更多有颠覆作用的行动的冲动。而在我们这个幸灾乐祸的时代,嘲笑政治丑闻受到了大量批评。有人警告说,在美国大选的准备阶段,那些"幸灾乐祸的自由派"[90]见到共和党内讧的场面十分开心,但容易错估其面对的威胁的严重程度。他们担心,就算只是受到幸灾乐祸情绪的驱动,没完没了的点击和转发也会抢走本该对宝贵的专栏阵地给予的重视。幸灾乐祸可能会导致自我消耗——我们会觉得无聊。更严重的情况是,这种情绪会令各个群体的愤怒之火越烧越旺。举例而言，在英国，脱欧公投结束后，留欧派窃笑着在社交媒体上分享了一张照片，照片上退欧派站在环岛中，举着一张标语牌，上面写着"退欧就是退欧（Brexit Mean's Brexit）*"（噢，指出对方的标点错误实在是太痛快啦！），但是就算已经接受失败的留欧派都对这样的幸灾乐祸没有抵抗力，针对对方的标点错误的势利嘲弄终究没什么建设性的意义。

这不是我们第一次担心政治领域的幸灾乐祸的潜在有害影响了。1899年，德国支持的叛军在殖民地设下了埋伏，导致好几支英军部队覆灭。英国《晨邮报》（*Morning Post*）驻柏林通讯员在报道中称，德国记者被"明确要求不得对这场伏击战中英军和美军的惨败表现出幸灾乐祸"[91]，这是怕他们会冒犯英国，使其敌意升级。然而，不久，莱比锡城的媒体却遭到指责，说他们"不错过任何一个对我们的国家泼脏水的机会。我们在哪里取得胜利，宣传单就在哪里先于公文在街上分发，上面会极尽夸张之能事地描写我们的惨败"[92]。时至今日，幸灾乐

---

* "Brexit Mean's Brexit" 应为 "Brexit Means Brexit"，图中标语多出了一个标点。——译注

祸已经被定性为另一方在道德与智力方面的堕落。同时，大家也害怕，难以抗拒的幸灾乐祸会令自己易受误报（比如街上发的传单上面夸张的报道以及加深两国敌意的假新闻）的影响。我们发现，虽然并不总是这样，但幸灾乐祸的确在政治上有毁灭性。然而，更残酷的问题是，我们真的能避免幸灾乐祸吗？

党派政治

....

◆ 年轻的共和党人抱怨说他们无法在华盛顿找到约会对象。

◆ 一个保守党国会议员将简·奥斯汀称为"我们在世的最伟大的作家"。

◆ 有新闻称,对于支持英国脱欧的选民来说象征英国回归独立的新的蓝色英国护照将在法国制造。

× ♡ ×

我要给大家讲一个奇怪的道德困境:我们越热情地参与政治,心里越认同某个特别的目标(假定这是一件好事），当对手倒霉时我们就越容易感到幸灾乐祸（这一点可能就不怎么好了）。

在2004年美国总统大选的准备阶段，肯塔基大学的心理学家开始调查党派承诺与幸灾乐祸之间的关系。被调查者均为肯塔基大学的本科生，首先对他们的党派倾向进行评估，然后让他们阅读一系列新闻报道来查看他们的反应。其中一则新闻报道讲的是在苏格兰召开八国集团峰会期间，共和党总统乔治·W.布什决定骑自行车出行，他先是对一名警察自信满满地挥挥手，然后就和他撞上并摔下了车。

不出所料，那些坚定认同民主党的学生看了这个故事后更觉得"有趣""想笑"，而共和党学生表现出更多"对布什的关心"。参与调查的学生还看了一篇关于民主党总统选举候选人约翰·克里的报道，报道称，在肯尼迪航天中心拍到了他穿着淡蓝色NASA*"兔子服"从"发现"号的舱门爬出来的样子。（去搜索一下吧，我保证你不会后悔。）总体而言，看到克里的这张丑照后，共和党

---

* 美国国家航空航天局（National Aeronautics and Space Administration）的缩写。——编注

学生比民主党学生更开心。[93]

2006年，中期选举到了，心理学家开始研究一种更为隐蔽的政治幸灾乐祸形式。这一时期，美国部队在伊拉克的死亡情况成了主要议题之一，两方都指责对方"将战争政治化"。服役人员死亡"本质上明显是消极负面的"，这项研究的作者说，"很难想象任何地方的任何美国公民读到这些报道会觉得愉快"。然而，参与调查的学生读到伊拉克的一颗路边炸弹炸死若干美国人时，有些人——主要是希望国内的政权更迭能改变外交政策方向的民主党学生——承认感觉到"一种无言的快乐"。"我有点高兴这起事件支持了我对战争的立场"，"我高兴的是，这起事件可能会让部队更快撤回家乡"。研究的作者对有人竟然愿意承认这一点感到很惊讶，并写道："我们要强调一点，这些幸灾乐祸的感受是带有矛盾情绪的。"那些希望政权更迭的人同时还说自己感受到了"沮丧""心烦""担心"或"悲伤"。（这项研究没有结合被调查者的年龄做调整，因为所有被调查者的年龄都在二十岁左右——我们可能会想，不知道这些人长大一些后会给出怎样不同的答案。）

本研究的第三个阶段于2008年的总统初选时期启动，

肯塔基大学的心理学家想看看人们是否会在自己将受到伤害的情况下依然会为政治对手的倒霉感到开心。他们再次让参与者看一些新闻报道，其中一则新闻是虚构的，说的是经济衰退广泛影响了美国。新闻撰写者是一名虚构的著名经济学家，他在文章中说，两年前议会就一则法案进行辩论，如果那则法案被通过，那么银行危机和经济衰退肯定不会发生。文章还点名批评一名参议员投下了决定性的反对票。有一半参与调查的学生读到的是，这名参议员是这次选举中可能获胜的共和党候选人约翰·麦凯恩，另一半学生看到的是民主党候选人巴拉克·奥巴马。文章中痛心疾首地强调这次经济衰退有多严重，又会有多持久，所有美国人都会受到影响。就是在这样一个连自己都会受到不良影响的情况下，共和党学生读到这次金融危机的罪魁祸首是奥巴马时都感觉很开心，而民主党学生读到麦凯恩投下那决定性的一票时也感到非常愉快。

英国小说家马丁·埃米斯（Martin Amis）曾经打趣说，只有英国人才会在自己受牵连的情况下感到幸灾乐祸。看来他说错了，大错特错。究竟为什么我们会把自己所属"部落"的利益放在我们个人利益之上呢？

群体欢腾

....

在奥萨马·本·拉登被杀的那一晚,大群美国人聚在时代广场和白宫外面,高呼:"美国!美国!"有的人为这种庆祝深感不安,比如社会心理学家乔纳森·海特(Jonathan Haidt)在《纽约时报》上发表的文章就对此表示不赞同,他把这种大众的情绪流露称为"集体欢腾(collective effervescence)"一刻[94]。法国社会学家埃米尔·杜尔凯姆(Émile Durkheim)创造了这个概念来描述因确实的公众利益得到满足而引发的非个体性和非理性的群体兴奋。面对骚乱的人群或网络暴民有时令人胆战心惊的行为,新闻评论员常常要求助于早期的群体心理学家,比如19世纪末和20世纪初的古斯塔夫·勒庞(Gustave Le

Bon）和加布里埃尔·塔尔德（Gabriel Tarde）。他们认为，群体剥夺了人们的理性。"群体是非智的，"勒庞说，"集体中所有人的情感和想法都朝着同一个方向，这时，他们的有意识人格都消失了。"对于历史上的这些作者而言，最容易受到群体情绪上的歇斯底里影响的总是"其他人"，即女人、孩子和被描述成"有精神缺陷"和"低等种族"的人（是"他们"，不是"我们"）。

大多数当代群体行为理论家反对这种研究方向，当然也反对其中包含的种族主义和性别歧视论调。这些理论家谈到的不是加入某个群体后失去自我身份，而是我们会融入一种新的身份——社会身份。我们大多数人都会利用复杂的社会身份网络定位自己。想想我们是如何按类别认知事物的吧（比如说，自行车和汽车）。我们对自己的认知也没什么不同，也是用职业、生活方式、阶级、喜欢的足球俱乐部等来定位自己。群体无法完全且永久地定义我们，对我们的定义会随着我们说话对象的变换而变换——当我跟一个养猫的人说话时，我最先想到的自我身份是"狗主人"；当我去伦敦北部旅行时，我就把自己视为来自伦敦南部的人。

社会学家对人们内/外群体*的归属研究了半个多世纪。他们有一个重要且惊人的发现：即便一个群体是基于一些无关紧要的理由——譬如掷硬币或者T恤衫的颜色——组建的，其成员都有可能对群体产生非常强的归属感。这个发现被称为"最简群体范式（minimal group paradigm）"[95]，由亨利·泰弗尔（Henri Tajfel）和他的同事在20世纪70年代首次提出。此概念说明，我们无须分享任何价值观或观点就能组成一个群体并拼命捍卫它——不过之后还是需要价值观和观点的统一。

社会学家还有另一重要研究结论：一旦内/外群体形成，对立群体也会很快形成。我们非常喜欢显露出对所属的内群体的偏爱和对外群体的偏见，也倾向于认为，内群体的成员有深刻复杂的内心生活，外群体的成员则在智慧和自主性上不如我们。最重要的是，我们倾向于夸大内群体的成功和遭到的贬损，而为外群体的失败感到高兴，这反映出我们对保护内群体名声的渴望。换言

---

* 在社会心理学中，内群体是指一个人经常参与的或在其间生活、工作或进行其他活动的群体，而外群体是指由他人结合而成与自己没有什么关系的群体。——编注

之，当我们融入群体时，我们就更容易沉湎于幸灾乐祸中，也就不那么害怕把这种情绪表现出来。群体令我们更大胆，如果出了事，群体可以掩护、支持我们；若是在黑漆漆的小巷子里遇见敌队的球迷，我们一个人的话是不太敢出言讥讽的，但有群体做后盾的话或者在推特上，这样做就容易多了。

内/外群体行为带来的影响随处可见，比如当地童子军俱乐部之间的竞争，以及我们在开放式的办公环境中如何考虑该坐在哪个"区"，这些都是对群体行为影响的反映。自然，在政界也是如此。美剧《白宫风云》(*The West Wing*)中，副幕僚长乔西卷入丑闻后，媒体公关C.J.就说："我们可以控制住众人的Schadenfreude，务必让乔西在未来一个星期里挺住。"新人唐娜问："你说的'Schadenfreude'是什么意思？"C.J.回答："就是看到别人倒霉就开心，这可是整个众议院运转的基本原理。"[96]

幸灾乐祸的影响之一就是，它可以带来一种临时的——通常也是不劳而获的——荣耀感，比如说在体育比赛中，对手的失误可能就被理解成我们占了上风。还有一个影响就是，我们非常渴望分享竞争对手失败的消息，

- 206 -

这也就进一步加强——有时候是拓宽——我们的群体从属关系。心理学家甚至在像我们口袋里的手机这样不为人特别注意的常规事物上发现了该影响。在一项研究中，心理学家让黑莓用户读一篇讲苹果手机有一个恼人的毛病的文章，结果黑莓用户不仅表现出非常幸灾乐祸的样子，还迫不及待地将这篇文章转发给其他用黑莓的朋友看。这样一来，通过想象（与苹果手机一样自以为是、自命不凡的）苹果手机用户苦不堪言的样子，加强了黑莓用户对该内群体的归属感。[97]

人类就是这样极其可笑地缺乏自我意识。我们非常喜欢对"外群体"幸灾乐祸，但更喜欢将幸灾乐祸这一情绪推给对方——因为我们习惯将幸灾乐祸看作一种缺点，一种证明过度情绪化和容易受影响的证据，一种弱者通过对强者力量的消失窃喜对自己进行的补偿。在分裂的政治舞台上，共和党指责民主党幸灾乐祸，而民主党亦然。

抛开道德层面来说，幸灾乐祸既不好也不坏，不过是在我们融入群体后不可避免会产生的一种行为。它动员和强化我们的"部落"；它让我们有了摆架势的底气，尝到了荣耀的滋味；它还能制造政治势头。这就是人们故意利用幸灾乐祸当武器，并且这件武器能发挥如此大威力的原因。

小型的革命

•••••••

女权主义活动家早就知道幸灾乐祸的威力——鉴于历史上幸灾乐祸一直被认为是女性独有的道德缺陷,这个发现令人满意。

18世纪的康德和19世纪的叔本华都将嘲笑他人失败的行为与其他女性恶习(喜欢说闲话、摆布他人、撒谎)联系在一起。马克斯·舍勒(Max Scheler)也认为,幸灾乐祸必然是女性心理特征,因为"女性是弱者,所以也是两性中更具有报复心的一方"。[98]事实上,最近的研究表明,男性的幸灾乐祸出现得更频繁,也更强烈(不过,因为我们的社会要求女性要温柔善良,幸灾乐祸又与这种品质如此矛盾,女性可能比较羞于承认她们看到他人倒霉会快乐,这可能会影响此统计结果的准确性)。

19世纪晚期和20世纪早期,英国和美国的妇女参政权论者将幸灾乐祸用作武器来对付她们的反对者。当时的主流文化对这些妇女参政权论者充满了讥讽——有的明信片上印着柔弱的丈夫笨拙地伺候妻子用晚餐的画。有记者在报道逮捕妇女参政权论者时混乱,往往也很暴力的场面时说,这让他们想到"把调皮捣蛋的小猫从身上弄下去"[99]。

为女性投票权奔走的活动家们找到了将嘲笑抛回给反对者的方法。在露天集会上,她们诙谐地反诘那些激烈的质问者,引导围观群众嘲讽她们的反对者。英国妇女参政权论者安妮·肯尼(Annie Kenney)——运动中的一名工人阶级女性在萨默赛特郡组织了一场集会。集会上,每隔几分钟,一名年长的男性就高喊:"如果你是我老婆,我一定会毒死你。"最后,演讲者回答:"没错,我要是你老婆,就把毒药接过来吃下去。"[100]

她们还有一种游击战策略来让政治对手显得荒唐可笑。通常,内阁大臣只要见到公开会议的观众席上有女性就拒绝发言,以此来避免被妇女参政权论者纠缠。为了对付这招,妇女参政权论者开始提前溜进会议大厅,还有好几次藏在管风琴下面。大臣一开始发言，她们也就开始讲话。她们的声音从管风琴的音管中飘出来，让管理员一头雾水，观众也纷纷窃笑，只剩下各位内阁大臣气恼又不知所措——这时也不能板起脸来教训人。当然了，造成这种无政府状态效果极好，但并非活动家的唯一手段，单凭它也不足以带来政治改变；但是它可以暂时撼动权力关系，创造出一种有无限可能的感觉和同志情谊。正如乔治·奥威尔所说："每次玩笑都是一次小型革命。"[101]

嘲笑和蔑视一直是女权主义行动取向的关键组成部分，这种大张旗鼓的策略暴露出各种形式隐蔽的歧视。2012年，马萨诸塞州州长米特·罗姆尼（Mitt Romney）在总统辩论上被问到了薪酬平等和就业问题。如今他愚蠢的回答已经被传得到处都是了。他的答案是什么呢？罗姆尼轻松地回答，他的下属给他拿去了"装满了女人的活页夹"*。那场辩论还没结束，推特上一个叫"罗姆尼

---

* 辩论中，一位女性观众问怎样在工作环境中体现对女性的公平。罗姆尼想拉近他同女性选民的感情，举例说他当州长时注重寻找女性员工，于是他的下属给他送去了装着很多女性人选资料的活页夹，但罗姆尼用了一种简化的表达"装满了女人的活页夹"，引起了许多民众的反感。——译注

活页夹（@Romneys_Binder）"的账号（头像就是一个活页夹）就吸引了14,000名关注者。汤博乐（Tumblr）*上有一个页面全都是嘲笑罗姆尼的动图——主要是装着许多女人照片的活页夹的动图。一日之内，网上出现了不少与"装满了女人的活页夹"有关的博客、推特和脸书专页，其中一个脸书专页得到了274,000个赞。一些亚马逊用户发布了对活页夹的讽刺性评论，还有一些用户在这样的评论下回复"有用"，将它们顶了上去。有评论说："看起来是一个可以放女人的完美活页夹——颜色鲜艳，设计时尚、独特，而且给人很现代的感觉！可惜还是太小了……女人的胳膊、腿和脑袋都露在了外面。"

另一条评论说："你们都不知道，为了找一个能放下我收藏的各种各样的女人的活页夹，我费了多少精力……如果你在找能装下大量（各种体型的）女人的活页夹，就买这个吧！"

还有评论说："虽然这些活页夹质量过硬、设计美观、价格合理，但不幸的是，它们太小了，装不下女人。"

---

* 全球最大的轻博客网站。——编注

还有评论说:"我的女人们似乎不想待在我在这个活页夹中给她们留的空间里,也许她们只是个例吧。不知道其他人的女人怎么样。"

这种带着居高临下的批判口吻的嘲讽越来越多,成了今日政治舞台几乎可以预见的特点。这可能多少会让我们想到,我们确实生活在一个幸灾乐祸的时代。问题是,它们会继续管用吗?又或者,是否我们渴望借着别人的尴尬往上爬已经成了一种习惯,一种想都不用想的条件反射了呢?

当幸灾乐祸像一记猛拳打在权贵的脸上时,它的作用可能十分突出;但当它从四面八方将本就不那么走运的人团团围住时,就不那么吸引人了。幸灾乐祸越变得像一种习惯,我们就越对它紧张不安——它可以让异见者闭嘴,消灭异议,抑制建设性的争论,还会让分化的阵营进一步分化,而其中的义愤就好比一枚带有侮辱性行为的跳弹,偶尔还会越过两军对垒的场地边界,误伤"场外观众"。

因此,我们可能会担心,生活在幸灾乐祸的时代会让人们疏远甚至憎恨公共生活,并且会有损话语的价值。

我们还可能担心，幸灾乐祸会失去令它发光的品质，比如令人兴奋的叛逆性和令人晕眩的反抗性；还会担心，沉迷于看他人的笑话这一行为会变得越来越残忍、过分，最后其本身将成为幸灾乐祸唯一的悲惨结局。

可是，不正是幸灾乐祸的这些风险让我们对它保持兴趣吗？这种情绪有时候会超过界限，让我们退缩，感到迷茫或自己毫无用处。我们可能担心自己会盲目地一头扎进别人的痛苦给自己带来的欢乐中。可是，千万别忘了，道德混乱——总是为自己的所作所为是否合适这种问题心烦意乱——也是我们体验幸灾乐祸的一部分。

脱口秀有时会用道德混乱戏弄我们。哄堂大笑或许看起来有些失控，但它也创造了一致性。在脱口秀现场，观众们可能会发现，起先自己因为台上演员的一个笑话大笑起来，而后又会后悔大笑；还有的时候，我们意识到其他人都不笑了，也赶紧合拢了嘴，不想让自己暴露或者亲身证明那些可怕的议题。这些场景让我们清楚地知道，我们是多么容易加入幸灾乐祸的队伍；也让我们知道，在道德方面存疑的地方驻足，在过分的边缘试探，是一场刺激的游戏。碰到信奉自由主义的观众时，这样的试探尤为刺激，因为这样的观众可能认为自己比较有同情心，对他们来说，笑话别人受到的痛苦羞辱——或者罪有应得的痛苦——可能会带来社交层面上的不适感。

那么，我们能知道该何时停止幸灾乐祸吗？还记得霍默·辛普森幻想他那个自以为是的邻居遇上一系列倒霉事的例子吧？当邻居的葬礼画面出现在霍默脑海中时，霍默立刻就觉得不好笑了。什么时候你的良心会介入，让幸灾乐祸那漫天飞舞的幸福泡泡凝成一块，然后"砰"的一下破掉？什么时候你会对自己说"过分了"呢？一位受人尊敬的环境主义国会议员被发现为了给他的新房子腾地方而清理一片古老的林地，因而在推特上受到了公众排山倒海的辱骂，这时候幸灾乐祸过分吗？一名政客拒绝承认自己收到了违规停车的罚单，结果事实证明他说了谎，他因此进了监狱，这时候幸灾乐祸过分吗？你非常反感某个人的观点，甚至认为该对其加以谴责，结果有一天这个人遭遇了十分罕见的意外（比如他乘坐的轻型飞机坠机了），这时候幸灾乐祸过分吗？

在2016年的脱口秀节目《为她挺身而出》（*Stand Up for Her*）的开头，布丽奇特·克里斯蒂（Bridget Christie）

告诉了我们一件关于一级方程式赛车运动传奇——斯特林·莫斯爵士（Sir Stirling Moss）的真事：在BBC电台的访谈中，莫斯说，他对一级方程式赛车中鲜有女性身影出现"并不感到惊讶"。

"我认为她们有赛车应具备的力量，但是我不知道她们是否有赛车必备的心理适应性。"他说。

克里斯蒂接下来说的话可能会让你很开心：

莫斯走进电梯门，结果里面是空空荡荡的电梯井，他掉了下去，摔断了脚踝。

你笑了吗？

SCHADENFREUDE

后 记

我们需要的情绪瑕疵

······

　　我希望能给这本书一个皆大欢喜的结尾，比如说（清清喉咙）：在创作这本书期间，我仿佛经历了一场发现之旅。我成功控制住了自己幸灾乐祸的情绪，对明星、模特、政客的痛苦感到恰如其分的同情。我也不再看出糗视频。当我的朋友做某事做得比我好，但中途出了一些岔子的时候，我不再有松了一口气的感觉。简而言之，我收获了一个更好的自己。

　　你们已经知道了，这些都不是真的。

　　非要说有什么改变的话，那和我前面说的正相反。研究这种情绪让我能更好地适应它。若看到他人遭难而产生一丝愉悦，我就会像用玻璃杯扣住一只蜘蛛一样，小心翼翼地捕捉它，然后细心观察。我俨然成了幸灾乐祸的鉴赏行家：培养出对它微妙且多变的气味敏锐的嗅觉，并细细品其动态：从窃喜到狂喜，从暗自满足到扬扬得意和嘲弄蔑视，再回归到平静，最后不可避免地转为熟悉的苦涩滋味——自我厌恶。

现在你已经读到这本书的末尾，发现了对他人的不幸感到愉悦对我们所有人的生活有着怎样的意义与影响，对此你可能会感到有点恶心作呕；也许你觉得自己有点被这本书看穿了，心中忐忑不安；你也一定想让我给一些安抚人心的感想和建议。如果要最后说点什么，那应该就是教给大家如何对待关于幸灾乐祸的一切。我当然有同理心了。要是在一本像这样的书的结尾读到多少有些用处的内容，我会对作者无比感恩。这就好像找到一个放着各种实用工具的派对礼包，让我能对我人生的一处锈迹斑斑的角落进行一番修补。

当然了，我不是心理学家，也不是道德家，更不是心灵自助导师。事实上，在我花时间思考这种在道德伦理上极富争议的情绪期间，我多多少少与它达成了和解。所以，在这里，我要把我和幸灾乐祸之间建立起的新关

系拆解成几条基本法则。如果你喜欢,也可以称它们为"交战法则":

1. 幸灾乐祸益处多多。

你是否从直觉上认为幸灾乐祸是一种"坏"情绪呢?是否认为它狡猾淘气,总是令人如芒在背、感觉有点羞愧?

我既不觉得幸灾乐祸"好",也不觉得它"坏":有时候它确实会引起问题,但多数情况下,这种情绪是无伤大雅的趣味之源。不过,我们不妨单纯看看它的益处,要知道,它的益处还不少呢:

它可以在你感觉自卑的时候给你一份好心情;它是你为人人都会失败这个事实庆祝的方式;它帮助我们看到人生的荒诞性;它能让我们在人生画布上桀骜不驯地挥毫泼墨,或是赐予助我们大胆砥砺前行的优越感;它甚至能帮助改变政治层面上的对话。幸灾乐祸可能看起来是一种消极、狭隘、损人不利己的情绪,它确实可能带有以上所有属性,但同时也益处多多。

2．幸灾乐祸不是你的个人标签。

你是否担心，听到一个朋友的坏消息的时候心头那丝愉悦多少抹去了你同时感受到的同情？你是否害怕自己成了最糟糕的那类人——伪君子？

花时间思考过幸灾乐祸相关问题的大多数人都同意，他们可能会在体会到非常真挚的关切和同情的同时感到突如其来的愉悦；也可能会一边想方设法安慰那个倒霉的朋友，一边压抑着放声大笑的冲动；或者在体会到朋友的失落的同时心里松了口气。这是我们作为人类的特有的能力，是比道德刚性更有趣、更真实的一定程度的情绪弹性，是值得你为之骄傲的事情。

3．你不想知道的事，幸灾乐祸能告诉你。

你能在二十步之内察觉到自己心中的幸灾乐祸吗？你能识别出它的各种状态之间的细微差别吗？认识我们自己情绪之间的微妙差别是情商颇为重要的一部分，尤其是当涉及那些令我们羞愧，从而被我们习惯性忽视的感受时，这一点尤为宝贵。

幸灾乐祸的背后总有原因。当你愿意正视它的时候，你就能更容易向自己发问：引起幸灾乐祸的到底是什么？你觉得那个人活该遭报应吗？为什么？你的愉悦更多是源于感觉自己赢了吗？如果是这样，你觉得自己赢了谁？你是否忌妒让你幸灾乐祸的那个人呢？他是否让你感到自己能力欠佳或脆弱不堪？或者是否让你感到遭到了背叛、受人曲解或愤怒？

注意到我们的幸灾乐祸，并且充分理解它为何能让人获得美妙的满足感，可以帮我们面对更多暗涌的恼人感觉。

4.（有时候）你应该坦然承认你的幸灾乐祸。

这似乎是一个可笑又冒险的策略，但是请你听我慢慢道来。如果你向你的老板或疑心重的表亲承认你的幸灾乐祸，那确实不太妙，因为没人喜欢公开笑话他人倒霉的人。（至少应该装一下，偷着笑！）

可是，我们的心头会时不时地掠过幸灾乐祸的情绪，感觉特别不舒服。这种情况下——而且那个倒霉的当事人是你信任的人——最好的选择就是找到一种合适的方式告诉他。

菲利帕·佩里建议这样开始对话："我发现，当我得知你没有得到那份新工作的时候，我产生了一丝优越感……我觉得这样想不妥，同时我还想问问，你有没有产生过类似的感受，比如当我买不起新车而你能买得起的时候。"

我在家就试过像这样沟通。当我在写这本书的时候，我的丈夫在写另一本书，他比我先写完。更糟的是，他收到一封来自他的编辑的电子邮件，上面尽是溢美之词和道贺之语，而就在同一天，我也收到了我的编辑发来的电子邮件——又是一封催稿信："写完了吗？稿子呢？"

于是，那天晚上，我丈夫到家时，我有一点希望听到，他收到的邮件中列举出了一大堆关于他书稿的问题，然后他得花好几个月的时间解决这些问题，心中无限失落。可事实是，那天晚上发生的事和我的希望完全相反。他优哉游哉地给自己沏了一杯茶，为自己庆祝，还为一直以来该是谁负责缴市政税和我大吵了一架。（我现在依然认为这是他的活儿。）

我们俩偃旗息鼓之后，我向他坦白，在为他收到那封邮件高兴的同时，我还希望事情不要进展得那么顺利——

而现在,我则感到十分羞愧。

我丈夫是个非常善良的人,他听完我的坦白后哈哈大笑,然后我们开始讨论刚才在报纸上看到的一篇极尽讽刺之能的书评,结果发现我们俩都特别恨这个特别成功的作家。最后,通过这番"同仇敌忾"式的交流,我们的感情变得更好了。

就这样,不管当初我有怎样"邪恶"的想法,坦白都让我感觉更好了。

5. 幸灾乐祸是把双刃剑。

最后一点,也是最重要的一点:当我们发现有人对我们的重大失败强忍着不表现出扬扬得意的样子时,我们该怎么办?显然,这令人难以忍受,你应该立即与这种人绝交,但是如果就是无法绝交,你还能怎么办?

首先,别戳穿,那样太刻薄了。承认自己的幸灾乐祸是一回事,戳穿别人的幸灾乐祸让他们难堪又是另一回事了。

不过,如果对方勇敢地承认了他的幸灾乐祸,我们也可以承认自己的。

最后,你应该感觉得意(但不要太得意)。如果你是他人幸灾乐祸的对象,那么你就是一个被他重视的对手。你有——或者曾经有(不过别担心,你很快会再次拥有)——他们想要的东西。回想一下他们有所损失而你以此为乐的时候。除非你做了什么让你活该遭报应的事(如果是这样,那就好好自我批评一下),否则他们的幸灾乐祸只能告诉你一点,那就是你曾经让他们感觉到自己有多无能。意识到这一点就像一份礼物,让你在非常焦虑和挫败的时刻感受到慰藉。

有时候,大家能感觉到,我们活在一个努力追求完美的世界里。在这里,我们的错误不仅要遭到惩罚,还要被完美地抹去,但是仔细研究幸灾乐祸,你会发现其实不然:在他人的错误里,在我们自己的错误里,还可以找到快乐与安慰。

幸灾乐祸也许看起来恶毒,但仔细琢磨,一幅更加复杂的情绪图景就浮现出来了。带有优越感的哂笑其实暗示着这个人的脆弱。有些情绪可能看起来是恨,但实则充满了矛盾的爱和对归属的渴望。听到别人的不幸,我们反倒振作起来，是因为我们发现，自己并非世上唯一的失意人，而是失败者联盟的一员。

诚然，幸灾乐祸或许是人性瑕疵，但我们需要它。把幸灾乐祸视为一种拯救可能都不为过。

SCHADENFREUDE

致　谢

・・・・・・・

我最想感谢的是我优秀的编辑科迪·托比瓦拉（Kirty Topiwala）和特蕾西·巴哈尔（Tracy Behar），还有安德鲁·富兰克林（Andrew Franklin）、塞西莉·盖德福（Cecily Gayford）、彭妮·丹尼尔（Penny Daniel）和 Profile Books 出版公司、小布郎出版社（Little, Brown）、韦尔科姆收藏馆（Wellcome Collection）团队的全体人员（尤其是苏珊娜·康奈利即 Suzanne Connelly）。感谢联合代理公司（United Agents）的乔恩·埃莱克（Jon Elek）和罗莎·切尔恩伯格（Rosa Schierenberg）。

本书是我在伦敦玛丽女王大学的情绪历史中心的"感觉生活"项目上研究工作的一部分。感谢威康收藏馆资助该项目，也感谢中心与该研究有关联的所有人事。最感谢的还要属托马斯·狄克逊（Thomas Dixon）的不懈支持与鼓励。

我还要特别感谢所有为本书接受我采访的人：卡斯帕·阿迪曼（Caspar Addyman）、小詹姆斯·基梅尔（James Kimmel Jr）、莉萨·费尔德曼·巴雷特（Lisa Feldman Barrett）、约翰·波特曼（John Portmann）、菲利帕·佩里（Philippa Perry）和罗伯特·I.萨顿（Robert I.Sutton）。感谢你们贡献的幽默和付出的时间。

我特别感谢以下各位慷慨与我分享真知灼见和专业知识：理查德·H.史密斯（Richard H. Smith）、莫利·克罗克特（Molly Crockett）、埃尔莎·理查森（Elsa Richardson）、瑞雪儿·怀特海德（Richelle Whitehead）、柯丝蒂·琳恩·基纳斯顿·加德纳（Kirsty Leanne Kynaston Gardiner）、朱尔斯·埃文斯（Jules Evans）和罗伯·布瑞恩（Rob Briner）。其实，我要感谢的人还有很多，因为数量众多，很难在此一一提及。总之，我要对在我创作期间为我提供建议，并向我坦露他们关于幸灾乐祸的秘密的人道一声——谢谢！此外，我也对我在伦敦玛丽女王大学英语与戏剧学院的杰出的同事们充满了感恩。

感谢大卫·马飞治（David McFetridge）、凯瑟琳·尼克塞（Catherine Nixey）、汤姆·惠普尔（Tom Whipple）和乔·费珍（Jo Fidgen）为我提供了许多专业建议。

此外，自始至终，我都要感谢我的家人——尤其是汤姆、恩达和德莫特，感谢你们提供了许多关于幸灾乐祸的趣闻逸事，感谢卡梅尔给了我各种各样的帮助，感谢我的父母伊恩和厄休拉始终如一的慷慨与帮助。感谢爱丽丝和爱德华给我带来了如此多的欢乐。最重要的，我要感谢迈克尔·休斯（Michael Hughes），归根结底，是他的鼓励、榜样作用和爱让这一切成为可能。

SCHADENFREUDE

参考文献

·······

1 Thomas Aquinas, *Summa Theologiae*, III,Supplementum, Q.94,Article 1.

2 Friedrich Nietzsche, *On The Genealogy of Morality* (1887),trans.Carol Diethe,Cambridge,Cambridge University Press,1997,pp.42 - 3.

3 Steven R.Nachman, "Discomforting Laughter: 'Schadenfreude' among Melanesians" , *Journal of Anthropological Research*,vol.42,no.1,Spring,1986,pp.53 - 67.

4 L. Boecker et al., "The face of schadenfreude: Differentiation of joy and schadenfreude by electromyography" , *Cognitive Emotion*,vol.29(6),2015,pp.1,117 - 25.

5 Thomas Hobbes, "Human Nature" (1640), in *Human Nature and De Corpore Politico*, Oxford, Oxford University Press, 2008, pp. 21 - 108, p. 58.

6 quoted in Wilco W.van Dijk and Jaap W. Ouwerkerk (eds), *Schadenfreude:*

Understanding Pleasure at the Misfortune of Others, Cambridge, Cambridge University Press, 2014, p. 2.

7   Arthur Schopenhauer, *On the Basis of Morality* (1841), trans. E. F. J. Payne, Indianapolis, Bobbs– Merrill, 1965, p. 135.

8   Richard Chenevix Trench, *On the Study of Words*, London and New York, Macmillan, 1872, p. 68.

9   Thomas Carlyle, "Shooting Niagara: And After?" (1867), in *The Works of Thomas Carlyle, Vol. 30, Critical and Miscellaneous*, vol. 6, Cambridge, Cambridge University Press, 2010, p. 11, pp. 1 - 48.

10   "Chess" , *The Hull Packet and East Riding Times*, 27 May 1881.

11   Frances Power Cobbe, "Schadenfreude" (1902), in *Prose by Victorian Women: An Anthology*, Andrea Broomfield and Sally Mitchell (eds), Routledge, Oxford, 1996,pp. 335 - 50.

12   "Our London Letter" , *The Sheffield and Rotherham Independent*, 19 October 1887.

13   William Shakespeare, *The Merchant of Venice*, III:i, pp. 95 - 7.

14   Friedrich Nietzsche, *On the Genealogy of Morality*, p. 20.

15   https://afterdeadline.blogs.nytimes.com/2009/01/13/the-age-of-schadenfreude/.

16   https://www.theguardian.com/commentisfree/2017/may/02/fyre-

festival-brexit-schadenfreude-emotion-defines-times.

17 Charles Dickens, *Bleak House* (1853), Oxford, Oxford University Press, 1948, p. 9.

18 http://www.bbc.co.uk/news/world-europe-37546307.

19 Simon Baron-Cohen, *Zero Degrees of Empathy: A New Theory of Human Cruelty*, Allen Lane, 2012, p. 64.

20 Fyodor Dostoevsky, *Crime and Punishment* (1866), trans. Nicolas Pasternak Slater, Oxford, Oxford University Press, 2017, p. 161.

21 Mary Beard, *Laughter in Ancient Rome: On Joking, Tickling and Cracking Up*, Oakland, University of California Press, 2014, p. 77.

22 Salvatore Attardo (ed), *Encyclopedia of Humor Studies*, LA and London, Sage, 2014, p. 28.

23 R.I.M.Dunbar et al., "Social laughter is correlated with an elevated pain threshold", *Proceedings of the Royal Society B*, vol.279,2012,p.1,731.

24 Salvatore Attardo (ed),*Encyclopedia of Humor Studies*, LA and London,Sage,2014,p.657.

25 Y.Musharbash, "Perilous Laughter: Examples from Yuendumu, Central Australia", *Anthropological Forum*, vol. 18(3),2008,pp.271 - 7.

26 Sigmund Freud, *The Joke and Its Relation to the Unconscious* (1905), London,Penguin,2002,p.218.

27 Roger Caillois, *Man, Play and Games* (1958), trans. Meyer Barash, Free Press, 2001, p. 24.

28 Salvatore Attardo (ed), *Encyclopedia of Humor Studies*, LA and London,Sage,2014,p.678.

29 Henri Bergson, *Laughter: An Essay on the Meaning of the Comic*(1900),trans. Cloudesley Brereton and Fred Rothwell, New York,Dover, 2005,p.46.

30 John Aubrey, Brief Lives, (written 1679 – 80), London, Vintage, 2016, p. 305

31 "Are these the worst dates you' ve ever heard?" . https://www.bbc.co.uk/news/uk- england-41173459

32 Susan Sontag, *Regarding the Pain of Others*, London, Hamish Hamilton,2003,p.37.

33 Thomas Hobbes, *Human Nature*,p.54.

34 repr.in Travis Elborough and Nick Rennison (eds), *A London Year: Daily Life in the Capital in Diaries, Journals and Letter*, London, Frances Lincoln,2013.

35 Plato, *The Republic*, trans. D. Lee, Harmondsworth, Penguin,1988,pp.215 – 16.

36 Charles Maturin, *Melmoth the Wanderer* (1820), Oxford, Oxford University Press,2008,p.203.

37 Quoted in Carl Thompson (ed), *Shipwreck in Art and Literature: Images* *and Interpretations from Antiquity to the Present Day*,Abingdon,Routledge,2013,p.115

38 Edmund Burke,*A Philosophical Enquiry into the Sublime and Beautiful*(1757),London and New York,Routledge,2008,p.134.

39 Jean-Baptiste Dubos, *Critical Reflections on Poetry, Painting and Music* (1719), trans. Thomas Nugent, London, Nourse,1748.

40 William James, *The Principles of Psychology* (1890), London,Macmillan,1891,pp.412–13.

41 William Carlos Williams, "The crowd at the ball game" (1923), in *William Carlos Williams: Selected Poems*, London,Penguin,1976,p.58.

42 J.W.Ouwerkerk,and W.W.van Dijk (eds), "Intergroup Rivalry and Schadenfreude" ,in *Schadenfreude: Understanding Pleasure at the Misfortunes of Others*,2014,pp.186–99,pp.186–7.

43 The Fifth Down, *New York Times* NFL Blog, https://fifthdown.blogs.nytimes. com/2008/09/08/manhattan-cheered-bradys-injury-did-you/.

44 Lisa Coen, 6 August,2017.

45 Soren Kierkegaard, *Works of Love* (1847), trans. H. V.Hong and E. H. Hong, New Jersey, Princeton University Press,1995,p.257.

46 Charles Baudelaire, "Of the Essence of Laughter" (1855), in *Baudelaire: Selected Writings on Art and Literature*, trans. P.E.Charvet,London,Penguin,2006,pp.140–64,p.146.

47 Immanuel Kant, *Critiqueof Practical Reason* (1788), trans. Lewis White Beck, Chicago, University of Chicago Press,1949,p.170.

48 Dominique J. F.de Quervain et al., "The Neural Basis of Altruistic Punishment", *Science*, 27 August 2004, pp. 305, 1,254 - 8.

49 Ernst Fehr and Simon G chter, "Altruistic Punishment in Humans",Nature,vol.415,January 2002,pp.139 - 40.

50 M.J.Crockett et al., "The Value of Vengeance and the Demand for Deterrence", *Journal of Experimental Psychology*, vol. 143(6), 2014, pp. 2,279 - 86.

51 NatachaMendes et al., "Preschool children and chimpanzees incur costs to watch punishment of antisocial others", *Nature Human Behaviour*, vol.2,2018,pp.45 - 51.

52 A.Strobel et al., "Beyond Revenge: Neural and Genetic Bases of Altruistic Punishment", *NeuroImage*, vol. 54(1), 2011, pp. 671 - 80

53 Tania Singer et al., "Empathic Neural Responses are Modulated by the Perceived Fairness of Others", *Nature*, 2006,pp.439,466 - 9.

54 K.M.Carlsmith et al., "The paradoxical consequences of revenge", *Journal of Personality and Social Psychology*, vol. 95(6), pp. 1,316 - 24.

55 Jon Ronson, *So You've Been Publically Shamed*, London, Picador, 2016,p.68.

56 Adam Kotsko, *Awkwardness: An Essay*, O Books, Washington, 2010.

57 Lisa Feldman Barrett, *How Emotions Are Made: The Secret Life of the Brain*, Macmillan, London, 2017, p.73.

58 Aksel Sandemose, *A Fugitive Crosses His Tracks* (1933), New York, Knopf, 1936, pp.77–8.

59 Baldassare Castiglione, *The Book of the Courtier* (1528/1561 trans.), London, J.M.Dent, 1994, p.43.

60 J.Beckett, "Laughing with, Laughing at, among Torres Strait Islanders", *Anthropological Forum*, vol.18(3), 2008, pp.295–302.

61 George Eliot, "The Sad Fortunes of the Reverend Amos Barton", in *Scenes of Clerical Life* (1857), Oxford, OUP, 2015, pp.3–70, p.7.

62 Jean de La Fontaine, *The Fables of La Fontaine* (1668–1694), trans. R.Thomson, Edinburgh and London, Ballantyne, 1884, p.71.

63 Alexander Roberts and James Donaldson (eds), *The Writings of Quintus Sept.Flor. Tertullianus, vol.1*, Edinburgh, Clark, 1870, p.34.

64 Abraham Lincoln, "Proclamation 97:Appointing a Day of National Humiliation, Fasting and Prayer", 30 March 1863

65 J. K. Rowling, Commencement Address, Harvard University, 5 June 2008.

66 A.A.Milne, *The World of Pooh*, Toronto, McClelland, 1977, p.251.

67 Felix Adler, *Moral Instruction of Children* (1893), New York,Appleton,1905,p.212.

68 Iris Murdoch, *A Severed Head*, London, Vintage, 2001, p.33.

69 S.J.Solnick and D.Hemenway, "Is More Always Better?" , *Journal of Economic Behavior & Organization*, vol. 37,1998,pp.373 – 83.

70 L.Colyn and A. Gordon, "Schadenfreude as a mate-value-tracking mechanism" ,*Personal Relationships*,2013,p.20.

71 Samuel Stouffer et al., *The AmericanSoldier: Adjustment to Army Life, vol.1.*, New Jersey, Princeton University Press,1949.

72 Karl Marx, "Wage-Labour and Capital" (1847), repr. in David McLellan (ed),Karl Marx: *Selected Writings*, Oxford, Oxford University Press,2000,p.284.

73 T.A.Wills, "Downwardcomparison principles in social psychology" ,*Psychological Bulletin*,vol.90,1981,pp.245 – 71.

74 J.V.Wood, S.E.Taylorand R.Lichtman, "Social comparison in adjustment to breast cancer" , *Journal of Personality and Social Psychology*,vol.49,1 985,pp.1,169 – 83.

75 B.Buunk et al., "The affective consequences ofsocial comparison: either direction has its ups and downs" , *Journal of Personality and Social Psychology*,vol.59,1990, pp.1,238 – 49.

76 S.P.Black, "Laughingto Death: Joking as Support amid Stigma for Zulu-speaking South Africans Living with HIV", *Journal of Linguistic Anthropology*,22 January 2012,pp. 87 - 108.

77 L.Scherberger, 'The janusfacedshaman: the role of laughter in sickness and healing among the Makushi', *Anthropology and Humanism*, 30 January 2005,pp.55 - 69.

78 Ralph Waldo Emerson, *Essays: First Series* (1841), Boston,Munroe,1850,p.190.

79 Adam Smith, *The Theory of Moral Sentiments* (1759), London, Millar,1761,p.26.

80 François de La Rochefoucauld, *Collected Maxims and Other Reflections* (1664), Maxim 1:99, Oxford, Oxford University Press,2007,p.155.

81 William Shakespeare, *Julius Caesar*, I:ii,pp.135 - 8.

82 quoted in John L.Locke, *Eavesdropping: An Intimate History*, Oxford, Oxford University Press,2010,p.164.

83 Clifford Odets and Ernest Lehman,*Sweet Smell of Success*, dir. Alexander Mackendrick,1957.

84 Robert I.Sutton, *The No Asshole Rule*, London, Sphere, 2010,pp.32 - 3,130.

85 Friedrich Nietzsche, *On the Genealogy of Morality*,pp. 20 - 1.

86 P.G.Wodehouse, "The inimitable Jeeves" (1923), in *The Jeeves Omnibus*, vol.1,London,Hutchinson,2006,pp.401－580,p.432.

87 W.H.Auden, *The Age of Anxiety* (1947), Princeton, Princeton University Press,2011,p.6.

88 Anne Chalmers, *The Letters and Journals of Anne Chalmers* (1830), London,Chelsea,1923,p.95.

89 S.Attardo (ed), *Encyclopedia of Humor Studies*, vol.1,p.21.

90 Isaac Chotiner, "Against Liberal Schadenfreude", *Slate Magazine*,12 March 2016.

91 "The Samoan Difficulty",*The Morning Post*,13 April 1899.

92 "German Unfriendliness",*The North-Easter Daily Gazette*,20 February 1900.

93 David J. Y. Combs, Caitlin A. J. Powell, David Ryan Schurtz and Richard H.Smith, "Politics, schadenfreude and ingroup identification: The sometimes happy thing about a poor economy and death", *Journal of Experimental Social Psychology*,vol.45,2009,pp.635－46.

94 Jonathan Haidt, "Why We Celebrate a Killing", *New York Times*,7 May 2011.

95 H.Tajfel, "Experiments in intergroup discrimination", *Scientific American*, vol.223,1970,pp.96－102.

96 *The West Wing*, "Disaster Relief ", series 5,episode 6,NBC,created by Aaron Sorkin,5 November 2003.

97 J.W.Ouwerkerk et al., "When we enjoy bad news about other groups:A social identity approach to outgroup Schadenfreude" ,in *Group Processes and Intergroup Relations*, vol.21.1,2018,pp.214 – 32.

98 Max Scheler, *Ressentiment* (1915), Milwaukee, Marquette,1994,p.15.

99 *Daily Express*,21 March 1907.

100 quoted in Krista Cowman, '"Doing Something Silly' : The uses of humour by the Women's Social and Political Union, 1903 – 1914" , *International Review of Social History*, vol.52,2007,pp.259 – 74,p.268.

101 George Orwell, "Funny, But Not Vulgar" (1944), repr. In *George Orwell, As I Please*, S.Orwell and Ian Angus (eds), D.R.Godine,1968,p.184.